몬테소리
엄마의 대화법

아이와 함께 성장하는 5가지 공감의 말

몬테소리
엄마의 대화법

몬테소리 교사 아키에

김은선 옮김

파이어스톤

아이 돌보느라 집안일을 맘 편히 할 수 없는 [낮 시간]

긴 하루를 보내고 아이도 어른도 피곤한 [저녁 시간]

안녕하세요? '아이들이 존중받는 사회'를 꿈꾸는 몬테소리 교사 아키에입니다. 어린이집에서 교사로 일했으며 두 아이의 엄마랍니다.

아이와 함께 생활하다 보면, '아이에게 내 말이 잘 전달되지 않는 것 같다'라고 느껴질 때가 있지요. 말이 통하지 않으니 화를 내기도 하고, 아이의 마음을 헤아려 소통하고 싶지만 뜻대로 되지 않아서 고민하는 분이 많을 것입니다. 하지만 이제 걱정하지 마세요. 여러분의 고민을 함께 해결해보겠습니다.

아이와 진정으로 소통하기 위해서는, 단순히 '말'을 바꾸기에 앞서, '아이를 어떻게 바라볼 것인가'에 대한 생각을 제대로 정립하고 아이의 발달 과정을 이해할 필요가 있습니다. 그러면 지금 내 앞에 있는 아이와 소통할 수 있는 말을 선택할 수 있게 될 것입니다.

또 하나의 중요한 포인트는, 아이의 마음을 헤아리려면 먼저 어른의 마음이 긍정적인 에너지로 채워져야 한다는 점입니다.

"머리로는 알고 있지만, 막상 닥치면 이성적으로 대처하지 못해요. 여유가 있을 때는 그나마 괜찮은데……."

이렇게 자책할 때도 있지요. 아이의 마음을 헤아리고 그 마음을 공감하려면 많은 에너지가 필요합니다. 그래서 아이에게 에너지를 쏟아야 하는 어른이 먼저 채워져야 합니다. 어른이 충만해지면 그 에너지는 자연히 아이에게 돌아갑니다.

이러한 생각을 바탕으로 먼저 '마음가짐'에 관해 알아보고, 하루를 아침, 점심, 저녁으로 나눠 '상황별 대화 사례'를 살펴보겠습니다.

그리고 부록에서는 어른이 자기 자신과 마주하기 위한 워크시트와 몬테소리 대화법을 실천하기 위한 포인트 레슨을 준비했습니다. 본문을 다 읽은 후 시도해보기 바랍니다.

이 책에서 여러분과 함께 도달하고 싶은 목표는 '아이와 대화를 나누는 방법의 원리'를 깨닫고, 그것을 바탕으로 '스스로 대화법을 찾아내는 능력을 기르는 것'입니다.

달라져야 하는 쪽은 어디까지나 우리 어른입니다. 대화 방식을 바꾸는 목적은 우리 아이를 '착한 아이', '말 잘 듣는 아이'로 바꾸는 것이 아닙니다.

상대를 바꾸려 들면, 상대의 부족한 점, 고쳐야 할 점만 눈에 들어와 괜스레 더 짜증이 나고 안달이 나기 마련입니다. 나의 마음가짐과 사고방식, 상대를 향한 시선, 태도, 말투 그리고 감정이 달라질 때 비로소 상대도 달라지는 (또는 다르게 보이는) 경험을 한 적이 있을 것입니다. 이는 아이와의 관계에서도 마찬가지입니다. 어른이 달라지면 아이의 행동과 태도도 달라질 것입니다.

일상 속 대화를 통해 길러야 할 것은 '아이 스스로 살아가는 힘'입니다. 그것은 아이 앞에 놓인 긴 인생길을 자신의 힘으로 걸어가는 원동력이 됩니다. 그 힘을 기르는 것은 아이 자신의 몫입니다. 우리 어른은 곁에서 돕는 것으로 충분합니다. 아이를 향한 말의 내용과 형식을 달리하면 아이의 성장을 더욱 든든하게 지지할 수 있습니다.

이 책을 통해 여러분의 마음이 충만해지고 몬테소리식 대화법의 원리를 익혀서 여러분이 사랑하는 아이의 행복으로 이어지기를 진정으로 바랍니다. 그 첫걸음으로서 먼저 몬테소리 교육에 관해 간략히 살펴보고자 합니다. 자기 자신을 마주하고 아이와의 대화법을 바꾸기 위한 여정을 떠나볼까요?

엄마가 알아야 할
몬테소리 교육의 힘

아이가 가진 잠재력을 이끌어내려면

몬테소리 교육의 삼각형

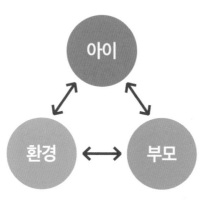

몬테소리 교육에서는 '환경'을 매우 중요하게 생각합니다. **'모든 아이는 스스로 자라는 힘을 지니고 있어서, 적절한 환경을 마련해주면 내재해 있던 힘을 발휘해 스스로 성장한다'**고 생각하기 때문입니다. 그래서 어른이 아이를 가르치는 일방적인 관계가 아닌, 환경을 통해 성장을 돕는 삼각관계를 중시합니다.

우리 어른도 처한 환경에 따라 가치관과 감정이 크게 달라지지요. 아이도 마찬가지입니다. 더구나 영유아기는 그야말로 '無'의 상태에서 가치관을 확립하고, 그것을 바탕으로 '자아'를 형성해 나가는 시기입니다. 그래서 어떤 환경에서 무엇을 접하고 무엇을 흡수하는가가 '자아'를 형성하는 데 있어 대단히 중요합니다.

아이는 '알뿌리'와 같은 존재입니다. 부모는 물을 주는 사람, 환경은 흙과 햇볕과 온도와 같습니다. **스스로 자라는 힘을 지니고 태어난 아이를 잘 인도하는 것이 부모의 역할입니다.**

아이가 스스로 성장하는 힘

0~6세에 나타나는 '민감기'

종류	역할
언어	언어를 자신의 일부로 습득
질서	자기 안에서 질서를 확립
운동	자기 몸을 자기 의지로 움직임
감각	감각 기관으로 자극을 구별
사회성	자기가 속한 환경과 문화에 적응
작은 사물	작은 사물을 발견하고 관찰하는 능력을 기름

몬테소리 교육의 역사

약 110년 전, 이탈리아 최초의 여성 의사 마리아 몬테소리가 제창한 교육방법. 발달이 더디다고 여겨지는 아이들을 관찰하던 중에 '교육'의 중요성을 깨닫게 된 것이 몬테소리 교육의 출발점이 됐다. 이를 계기로 '아이들에게는 자기 자신을 발달시키는 힘'이 있다고 생각하게 된 마리아 몬테소리는 아이를 중심에 두고 아이의 발달을 돕는 환경과 어른의 역할을 모색하며 지금의 몬테소리 교육을 확립했다.

앞에서 이야기한 것처럼 아이는 자기 자신을 발달시키는 힘을 지니고 있는데, 이를 '자기교육력', '스스로 성장하는 힘' 등으로 표현합니다. 몬테소리 교육에서는 영유아기(0~6세)에 나타나는 이 능력에 두 가지 특징이 있다고 생각합니다.

그중 하나는 '민감기', 다른 하나는 '흡수력'입니다. **민감기란, 특정한 능력을 획득하기 위해 어떤 사물에 대해 강한 에너지를 분출하는 시기를 말합니다.** 예를 들어, '질서'에 대한 민감기에는 엄마가 아닌 다른 사람에게 안기면 울거나, 잠자리가 바뀌면 잠을 이루지 못하는 등 평소와 같은 상태와 환경을 유지하는 데에 집착하는 모습을 보입니다. 이를 통해 자기 안에서 당연시되는 질서를 확립하는 것입니다.

한편, **흡수력이란, 특별한 노력을 하지 않아도 주위 환경으로부터 온갖 정보와 자극, 이미지를 흡수하는 능력입니다.** 그렇게 흡수한 것들을 바탕으로 아이는 '자아'를 형성해나갑니다.

이 두 가지 특징 덕분에 아이는 자기 자신을 스스로 발달시킬 수 있습니다. 그러므로 우리 어른은 아이가 타고난 힘을 믿고, 아이 스스로 성장해나가도록 도와야 합니다

아이가 주체, 부모는 안내자

스스로 살아가는 법

자립·자율의 산

● 몬테소리 엄마의 대화법

일반적인 교육이론은 아이를 교육의 대상으로 바라보고 주도권을 어른에게 부여하는 경향이 있습니다. 교육 현장에서도 "오늘은 ○○을 합시다" 하고 어른이 지시하면, 아이들은 수동적으로 따르기만 하는 장면을 자주 보게 됩니다. 그러나 **몬테소리 교육에서는 아이에게 선택권을 주고, 아이가 흥미와 관심을 보이는 활동을 만족할 때까지 경험할 수 있는 환경을 제공합니다.** 이것이 몬테소리 교육이 다른 교육방법과 구별되는 점입니다.

몬테소리 교육에서 **아이는 '자유'가 보장된 환경 안에서 자기 자신을 발달시킵니다. 다만, 이때의 '자유'에는 반드시 '제한'이 따릅니다.** '여기까지는 괜찮지만, 여기부터는 안 된다'라는 제한이 존재하는 가운데 '자유'가 보장되고, 그 속에서 아이는 주체적으로 행동하며 성장합니다.

아이는 '길러지는 존재'가 아닌, '성장하는 존재'입니다. 아이는 성장의 주체로서 날마다 조금씩 '자립과 자율'을 향해 나아갑니다. '아이를 제대로 가르쳐야 한다!'며 과도한 책임감을 느끼지 않아도 됩니다. **발달의 주체는 아이이므로, 어른은 어디까지나 아이의 성장을 인도하는 '가이드'로서 곁에서 돕는 것이 중요합니다.**

자립과 자율을 위한 아이의 발달 단계

몬테소리 교육에서 보는 아이의 '발달 4단계'

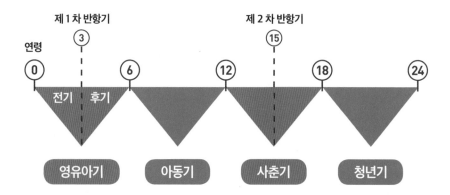

제 1 차 반항기

제 2 차 반항기

연령

0 — 3 — 6 — 12 — 15 — 18 — 24

전기 | 후기

영유아기　　아동기　　사춘기　　청년기

● 몬테소리 엄마의 대화법

몬테소리 교육에서는 아이의 발달단계를 6년 단위로 24세까지로 봅니다. '자립과 자율'을 향한 아이의 여정이 무려 24년간 이어집니다.

빨간색과 파란색으로 칠해진 시기는 서로 반대의 특징을 지니는데, 빨간색 시기에는 파란색 시기보다 더욱 강한 에너지를 발산하며 '자립과 자율'을 향해 나아갑니다. 그 중에서도 에너지가 최고치에 달하는 만 3세와 만 15세가 각각 '제1차 반항기'와 '제2차 반항기'에 해당합니다.

0~6세의 영유아기는 다시 전기와 후기로 나뉘는데, 3세까지는 넘치는 에너지를 주체하지 못해 무의식적으로 충동적으로 움직이는 시기입니다. 그래서 아이는 자기의 행동을 잘 제어하지 못하고, 어른으로부터 제재를 받으면 울며 화를 내는 모습을 보입니다. 그에 반해 후기에 해당하는 3~6세에는 "내 이름을 쓰고 싶다", "자전거를 타고 싶다" 하며 의식적으로 행동하기 시작합니다.

파란색 시기에도 아이는 계속해서 성장하고 발달하지만, 빨간색 시기에 비해 평온한 상태로 6년을 보냅니다. 이 그림은 우리 아이가 현재 어떤 성장단계에 있는지를 알 수 있는 힌트가 되므로 필요할 때마다 확인해보기 바랍니다.

아이의 속마음을 들여다보는 관찰의 힘

● 몬테소리 엄마의 대화법

다음으로 몬테소리 교육에서 중요하게 여기는 '관찰'에 관해 알아봅시다. '관찰'이 중요한 이유는 아이가 원하는 것, 발달시키고자 하는 것이 무엇인지에 대한 답이 바로 아이 본인에게 있기 때문입니다. 아무리 훌륭한 육아이론도 아이와 상황에 따라 잘 적용될 수도, 그렇지 않을 수도 있습니다. **100명의 아이에게는 100가지 방법이 있기 마련입니다.**

그러므로 발달의 기준에 얽매이지 말고, 지금 내 눈앞에 있는 아이를 알기 위해, '지금 아이가 원하는 것이 무엇인지', '흥미를 느끼는 것이 무엇인지', '즐거움을 느끼는 것이 무엇인지', '어째서 그런 행동을 하는지'를 생각하며 아이의 마음을 들여다볼 필요가 있습니다.

이 책에서는 구체적인 대화 방법을 설명합니다. 그러나 그것이 항상 '정답'이라고는 할 수 없습니다. 어디까지나 하나의 '기본 원리'로 이해하고, 여러분 앞에 있는 그 아이의 마음을 잘 살피는 데 도움이 되기를 바랍니다. **아이를 '알고자 하는 어른의 시선'이 아이에 대한 이해와 존중으로 이어질 것입니다. 그러한 관계성이 아이와의 사이에서 신뢰를 쌓고, 아이의 자존감을 기르는 데 도움이 될 것입니다.**

부모의 말이 아이의 인격을 만든다

● 몬테소리 엄마의 대화법

아이가 날 때부터 지니고 있는 능력은 '처음부터 언어를 구사할 수 있는 능력'이 아니라, '살아가기 위해 필요한 언어를 습득하는 능력'입니다. 언어는 입력된 것만 출력할 수 있습니다. 그래서 얼마나 많이 접하고, 듣고, 흡수하는가가 중요합니다.

말을 주고받는 행위는 언어능력 그 자체를 발달시키기도 하지만, 그 말이 상호적이고 긍정적이라면, 아이의 감정 처리 능력, 자기 인식, 자기 조절 능력, 실행 기능의 발달에도 좋은 영향을 미칩니다.

우리는 날마다 말을 하고 듣습니다. 한 번의 시도로는 큰 변화를 기대할 수 없지만, 날마다 50번, 100번, 200번 반복한다면, 티끌 모아 태산이 되듯, 아이의 인격 형성에까지 영향을 미치는 큰 변화를 만들어낼 것입니다.

더 희망적인 점은, 말하는 방식은 언제든 마음만 먹으면 바꿀 수 있다는 점입니다. 대단한 준비나 큰돈이 들지 않으므로, 의지만 있다면 언제든 내가 원하는 방식으로 말할 수 있습니다. 날마다 사용하고 아이에게 영향을 주는 것 그리고 언제든 자신의 의지로 바꿀 수 있는 것이 바로 '말'입니다. 이 여정을 통해 부디 자신이 평소 사용하는 '말'에 관해 진지하게 생각해보길 바랍니다.

아이와 대화하기 전 체크해야 할

5가지 질문

"나도 모르게 화내듯 말하게 된다."
"아이가 말을 듣지 않는다."
아이와 대화를 나눌 때면 이런 고민들을 하게 됩니다.
말하는 방식을 바꾸는 것도 중요하지만,
혹시 다른 문제가 없는지 점검할 필요가 있습니다.
구체적인 대화법을 알아보기 전에 먼저 여러분께 던질
5가지 질문이 있습니다.

부모가 위,
아이는 아래

질문 **1**

"아이를 키워준다고
생각하나요?"

아빠 말을
들어야지!

엄마는
어른이니까
괜찮아

아이를 믿고 존중하자

부모와 아이는, 부모가 위에 있고 아이가 아래에 있는 '상하관계' 또는 부모가 아이를 길러주는 '통제관계'에 있지 않습니다. **아이도 인격을 지닌 어엿한 인간입니다.** 그래서 아이를 대등한 존재로 바라보는 시선을 지니는 것이 중요합니다.

또 하나 유념해야 할 것은 '아이를 믿고 존중하는 것'입니다. 아이는 한시도 쉬지 않고 온 힘을 다해 '자립과 자율'을 향해 나아가고 있습니다. '오늘은 발달을 좀 쉬지, 뭐. 말은 굳이 안 배워도 되잖아' 하며 쉬어가거나 포기하는 법이 없습니다. **모든 아이는 자기만의 속도와 방법으로 성장하고 있습니다. 아이의 성장을 도울 때 반드시 유념해야 할 것은 '아이를 존중하는 것'입니다.** 아이는 태어나는 순간부터 쉼 없이 이 미지의 세계에서 전력으로 '자아'를 만들어가고 있습니다. 이러한 노력을 존중받은 경험은 '나는 소중한 사람', '나는 가치 있는 존재'라는 감정으로 바뀌며 마음의 자양분이 됩니다.

나아가, 존중받으며 자란 아이는 자연히 다른 사람을 존중하는 마음을 지니며 '서로 존중하는 관계'를 맺을 줄 알게 됩니다.

부모가 아이의 성장을 도와주며 아이를 존중하는 것은 아이에게 자존감, 자기긍정감과 같은 눈에 보이지 않는 힘으로 작용하며 아이의 발달을 크게 촉진합니다.

부모와 아이의 관계

우리 아이는 원래 이러니까

질문 **2**

"아이를 단정 짓지 않나요?"

우리 아이는 인사할 줄 모르니까

어쩜 이렇게 운동신경이 둔할까?

● 몬테소리 엄마의 대화법

아이에 대한 선입견을 걷어내자

아이는 매순간 성장하고 있지만, **늘 곁에 있는 사람은 오히려 변화를 알아차리기가 어려운 법이지요.** 그래서 때로는 '어째서 아무리 말해도 달라지지 않는 거야!'라는 생각이 들며 화가 나기도 합니다. 하지만 아이는 자기만의 속도로 조금씩 성장하고 있기에, 아이의 성장을 돕는 부모가 그 변화를 알아채는 것이 중요합니다. 왜냐하면 지금 한창 '자아'를 만들어가고 있는 아이는 주위 사람들이 자신에게 하는 말과 행동을 바탕으로 '자기 이미지'를 형성하기 때문입니다. 이렇듯 중요한 시기이기에 선입견을 품지 않고 아이를 바라봐야 합니다.

가령 차분함이 다소 부족하다고 해서 '부산스러운 아이'라는 꼬리표를 붙여버리면, 아이가 전보다 얌전하게 행동해도, 선입견에 사로잡혀 변화를 알아차리지 못할 가능성이 있습니다. 가장 좋은 방법은 '애초에 선입견을 품지 않는 것'입니다. 부산스럽다는 생각이 들더라도, '지금은 다소 차분함이 부족하지만……' 하고 판단을 유보하는 것이 좋습니다. '부모도 아이도 끊임없이 변화하고 있다'는 점을 기억하며 **당장의 모습만 보고 아이를 판단하지 않도록 합시다.**

내 아이이기에 내가 보는 모습이 전부라고 생각하기 쉽지만, 사실은 그렇지 않습니다. 내가 놓치고 있는 부분도 있다는 사실을 잊지 마세요. 그리고 항상 **새로운 시각으로 아이를 바라보며 따뜻하고 긍정적인 시선과 말을 건네주세요.**

몬테소리 엄마의 대화법

아이가 먼저,
내 일은 나중에

질문 3

"부모 자신을 챙기는 일에 죄책감을 느끼나요?"

엄마는 나중에 먹으면 돼

아빠는 이따가 씻을게

먼저 부모의 몸과 마음을 챙기자

이 책을 읽다 보면 '그렇게 하고는 싶지만, 현실적으로 쉽지 않다'라고 느끼는 부분이 있을지도 모릅니다. 그만큼 아이의 성장을 돕는 일은 어마어마한 에너지가 필요한 위대한 과업입니다.

아이의 성장을 도우려면 먼저 부모의 몸과 마음이 채워져야 합니다. 하지만 아이를 최우선으로 생각하느라 자신을 희생하는 것을 당연하게 여기며 자기 돌보기를 소홀히 하는 어른이 적지 않습니다. 물론 아이를 우선시 해야 할 때도 있고 아이의 성장을 돕는 것이 대전제라고는 해도, **자기 자신을 챙기는 일에 죄책감을 느낄 필요는 없습니다.** 부모의 몸과 마음이 충만해져 행복함을 느끼면, 그것은 반드시 아이에게 전달되고 아이의 마음 또한 채워집니다.

아이가 어릴수록 부모는 아이를 챙기느라 잠도 제대로 자지 못하고 식사도 대충 때우기에 십상입니다. 수면 부족이 지속되면 소중한 생명을 유지하는 데 에너지가 소모되기 때문에 감정 조절에 필요한 에너지가 부족해집니다. 그렇게 **감정을 제어하지 못해서 폭발하고 나면 자기혐오에 빠지기도 합니다.** 마음만 앞서고 몸이 따르지 못하는 것입니다. 그럴 때는 먼저 나의 몸과 마음을 채우는 데 에너지를 사용해보세요. 컨디션이 좋지 않을 때는 먼저 그것부터 해결해야 마음도 채워지고 육아의 즐거움도 느낄 수 있답니다.

아이가 좀 더 크면 내 시간이 생기겠지

질문 **4**

"자기 자신과 마주하고 있나요?"

내 시간이 없네

유일한 나만의 시간은 화장실에 갈 때야

● 몬테소리 엄마의 대화법

부모도 나를 위한 시간은 필요하다

앞에서도 이야기했듯, 먼저 부모가 자신의 몸과 마음을 챙기고 충만한 상태를 유지하는 것이 중요합니다. 그러나 "시간이 없다", "지금 여유를 부리면 나중에 더 힘들어진다"라고 생각할지도 모릅니다. 아이가 엄마만 찾으며 잠시도 떨어지려 하지 않는 시기에는 더 그렇게 느껴지겠지만, 과감하게 자기 자신을 위한 시간을 만들어보세요.

부모가 되면, '엄마', '아빠'로서의 정체성이 커지며 '자아'를 마주하는 시간이 줄어듭니다. 그러나 자기 자신이 충만해질 때 비로소 마음에 '여유'가 생기므로 '나를 위한 시간'은 꼭 필요합니다. 이 책의 마지막 부분에는 자신이 좋아하는 일을 떠올리고 실행하기 위한 워크북이 부록으로 마련돼 있습니다. 꼭 활용해보세요.

부모가 자기가 좋아하는 일을 즐기며 행복한 모습을 보이는 것은 아이에게도 좋은 본보기가 됩니다. 아이 또한 앞으로 인생을 살아가며 자기자신과 좋은 관계를 유지해야 합니다. 부모가 자기를 소중히 여기고 자신의 행복을 위해 노력하는 모습을 보이면, 아이도 '자기 자신을 소중히 여기는 법', '자신이 좋아하는 일을 하는 법'을 배워 더 나은 인생을 살아가게 될 것입니다. 그렇게 **아이는 '살아가는 힘'을 조금씩 키워나가는 것입니다.** 그러므로 부디 여러분 자신을 채우는 시간을 갖기를 바랍니다.

절대로 화를 내서는 안 돼

"완벽하지 못해서 괴롭나요?"

아,
큰 소리 내지 않기로
다짐했는데

오늘도
화를 내고 말았네…

자신의 감정을 객관적으로 바라보자

마음에 여유가 없고 짜증이 날 때 가장 먼저 해야 할 일은 자신의 감정을 '알아차리는 것'입니다. 즉, 자신의 감정을 객관적으로 바라봐야 합니다. 그래야, '잠이 부족해서 그런가⋯? 이번 주말에는 나를 위한 시간을 가져야겠다' 하고 상황을 개선할 수 있습니다.

자기만의 바로미터가 있으면 자신의 마음 상태를 더 쉽게 알아차릴 수 있습니다. 제 경우를 예로 들면, '나는 한다고 했는데⋯' 하며 왠지 억울한 감정이 밀려들면 경고등이 켜진 것입니다. 그러다 평소에는 그냥 지나치던 것들이 거슬리기 시작하고, 자신을 정당화하며 상대에게 불만의 화살을 돌리는 상태가 지속되면 적색경보 발령! 그럴 때는 제가 정말 좋아하는 사우나를 하거나 책을 읽으며 마음을 채움으로써 심리적 여유를 만들어냅니다. 지금 당장은 마음을 리셋하는 방법을 모른다 하더라도, 시간을 들이면 반드시 찾아지므로 조급해하지 않아도 됩니다. 이 책 뒤쪽에 마련된 워크북을 이용해 자신이 좋아하는 일을 하는 시간을 꼭 가져보세요.

때로는 이 방법으로도 부정적인 감정을 억누르기 힘들 때가 있습니다. 그럴 때는 아이에게 감정을 쏟아내지 않도록, 잠시 그 자리를 벗어나는 것도 하나의 방법입니다(단, 자리를 벗어나도 아이의 안전이 확보돼 있을 때).

천천히 심호흡을 하거나, 신선한 공기를 마시는 것도 좋습니다. '화를 내서는 안 된다'며 완벽을 추구하기보다는, 자신의 감정을 객관적으로 바라보고 스스로 마음을 다독이며 부정적인 감정에 대처하는 것이 중요합니다. 물론 이것이 잘 되지 않는 날도 있겠지만, 우리 어른도 시행착오를 두려워하지 말고 아이와 함께 성장해 나갑시다.

아이에게 통하는 엄마의 대화법

1 '부정적인 말' 대신 '긍정의 말'

"돌아다니지 마!", "뛰지 마!" 하고 습관적으로 부정형으로 말하지는 않나요? 이제부터는 "궁둥이를 붙이고 앉아 있자", "이렇게 걸어가자" 하고 긍정형으로 말해보세요. 부정적인 이미지를 긍정적인 이미지로 바꾸는 것이 중요합니다!

2 아이가 이해할 수 있는 '구체적인 말'

0~6세의 영유아기에는 특히나 '구체적인 사고'를 하기 때문에, "제대로 걸어야지"와 같은 추상적인 표현을 이해하지 못합니다. 그러므로 "여기는 미끄러우니까 엄마랑 손 잡고 걷자"처럼 아이가 쉽게 이해할 수 있는 구체적인 표현을 사용해야 합니다.

3 '명령'이 아닌 '부탁과 제안'

"빨리 옷 갈아입어!" 하는 명령투보다는, "이제 옷을 갈아입어 보세요", "지금부터 옷을 갈아입자!"와 같이 '부탁과 제안'의 어조로 이야기하거나, 선택지를 제시하는 것이 바람직합니다. 아이를 존중하는 태도를 보일 때 아이도 상대의 말에 귀를 기울이게 될 것입니다.

4 '칭찬', '치켜세우기' 대신 '인정의 말'

자신의 행동과 노력을 인정받으면, '나를 지켜보는 사람이 있다'는 안도감뿐만 아니라, '노력하면 할 수 있다'는 성장 지향형 마인드와 자신감을 갖게 됩니다. 나아가, 행동의 본질을 이해하는 힘도 길러질 것입니다.

5 '화내기', '혼내기' 말고 '전달의 말'

"아유, 정말! 어지럽히지 좀 마!" 하고 화를 내거나 혼을 내면, 안타깝게도 '혼났다'는 인상이 강하게 남아 정작 중요한 의도가 아이에게 전달되지 않습니다. 그러므로 "다 쓴 물건은 제자리에 돌려놓는 거야" 하고 어디까지나 '의도를 전달하는 것'이 중요합니다.

깨워도 좀처럼 일어나지 않는다

잠옷 차림으로 놀기 시작한다

일부러 그러는 건 아니라는 걸 알지만…

면피용 거짓말은 하지 않는 것이 좋다

일방적으로 명령하거나 지시할 때가 많은 아침 시간

어린이집, 유치원 등원 또는 외출 등으로 분주한 시간대입니다.
잠이 덜 깬 아이는 때로 칭얼거리기도 하지요.
그럴 때 아이에게 어떻게 이야기하면 좋을지 살펴봅시다.

잠자리에서 쉽게 일어나지 못한다

"빨리 일어나! 언제까지 누워 있을 거야!"

OK

(커튼을 열며)
"굿모닝! 오늘은 뭐 하고 놀까?"

신체 스위치를 '활동 모드'로 전환하자 ───────

시간에 쫓기는 바쁜 아침, 아이가 잠자리에서 빨리 일어나지 못하면 초
조한 마음에 신경이 곤두서곤 합니다. 하지만 아침부터 화를 내며 하루를
시작하면 아이도 어른도 마음이 좋지 않겠지요.

아이를 깨우기 전에 먼저 커튼을 활짝 열고 아침 햇살을 받게 해서 신체

가 '활동 모드'가 될 수 있게 해주세요. 또, 느닷없이 큰 소리를 내며 깨우기보다는 상냥한 목소리로 아침 인사를 건네보세요. 그러면 아이도 기분 좋게 눈을 뜰 수 있을 것입니다.

그래도 좀처럼 일어나지 못할 때는 그날 예정된 즐거운 일을 이야기하거나, "오늘은 어떤 옷을 입을까?", "오늘 아침에는 바나나를 먹을까, 사과를 먹을까?" 하고 **잠자리에서 일어나 할 일의 선택지를 제시하는 것도 하나의 방법입니다.** 아이가 커가며 할 수 있는 일이 많아지면, '쓰레기 버리기', '아침식사 준비 돕기' 등 아이에게 역할을 부여해보세요.

더불어, 정해진 시간에 아이 스스로 일어날 수 있도록 저녁 루틴을 정하고 취침시간을 앞당기는 등 생활리듬 전반을 돌아볼 필요도 있습니다. 단, 기상시간 엄수를 강조하기보다는, 먼저 취침시간을 앞당겨 몸과 뇌가 충분히 쉬게 함으로써 아침에 자연스럽게 눈이 떠지도록 하는 것이 좋습니다.

핵심 point

☑ 버럭 소리치지 말고, 상냥하게 인사를 건네자
☑ 아침, 저녁 루틴을 점검하자

● 몬테소리 엄마의 대화법

몇 살까지 재워줘야 하나요?
(만 6세, 4세)

'몇 살까지'라는 규칙은 없지만, 자립을 위해서는 아이 혼자서도 잠들 수 있도록 도와주는 것이 좋겠지요. 이를 위해 '그림책 한 권을 읽으면 불을 끈다', '가벼운 마사지를 해주고 아이의 방을 나온다' 등 잠자리 루틴을 만드는 것이 좋습니다. 더불어, 등원 준비를 하는 시간, 귀가 후 저녁 식사를 하기까지의 시간 등에도 루틴을 만들어두면 유용합니다. 그것이 몸에 배어 어느새 아이 스스로 할 수 있게 되는 것이 '자립'입니다. 그동안 아이 곁에 누워서 잠들 때까지 다독여줬다면, 이제부터는 함께 눕지 않고 앉아서 책을 읽어주고 방을 나오는 식으로 루틴을 조금씩 바꿔나가는 것도 하나의 방법입니다. 아이는 '스스로 잠들 수 있는 능력'을 지니고 있다는 사실을 기억합시다. 그것을 믿고, "○○(이)는 혼자서도 잘 수 있어" 하고 언어화하는 것도 중요합니다.

옷 갈아입기를 싫어한다

"빨리 갈아입어!"

OK

"자, 잠옷을 벗읍시다!
티셔츠부터 벗을까, 바지부터 벗을까?"

'명령'이 아닌 '부탁과 제안'으로

아이가 해야 할 일을 하지 않으면 마음이 급해져 명령조로 말하게 되고, 여러 번 말해도 듣지 않으면 언성이 점점 더 높아집니다. 그런데, 앞에서 이야기한 것처럼, 아이도 인격을 지닌 어엿한 인간으로서 우리 어른과 동등한 관계에 있답니다. 그러므로 일방적인 명령이 아닌, '부탁과 제안'으로 바꿔보세요. 그러면 아이를 존중하는 마음이 전달될 것입니다. '상대가 어른이었어도 똑같이 말했을까?' 하고 생각하면 말투를 바꾸기가 조금 더 쉬워집니다.

이때, "옷 갈아입어" 대신 "잠옷을 벗자", "바지를 벗자" 하고 아이에게 바라는 행동을 최대한 구체적으로 이야기하는 것이 좋습니다. 그러면 아이는 자신이 무엇을 해야 할지 더 쉽게 이해하고 행동할 것입니다.

또, "바지부터 입을까, 티셔츠부터 입을까?", "혼자 입을래? 아니면, 도와줄까?" 하고 선택지를 제시하는 것도 좋습니다. 아이 스스로 할 일을 결정하면 더욱 주체적으로 행동하게 됩니다.

이처럼 아이에게 일방적으로 명령하는 것이 아니라, **부탁과 제안을 통해 아이 스스로 생각해 어떤 행동을 할지 결정하도록 유도하는 것이 아이의 실행 기능과 자기제어 능력을 기르는 데 도움이 된다**는 연구결과도 있습니다.

핵심 point

☑ **명령이 아닌, '부탁과 제안'으로 바꾸자**
☑ **아이 스스로 선택하게 하자**

● 몬테소리 엄마의 대화법

엄마만 좋아하고 아빠를 거부합니다
(만 2세, 10세)

만 3세까지는 엄마 또는 특정 인물만 찾는 시기로, 상대가 나를 받아주는지, 존중해주는지에 매우 민감하게 반응합니다. 아이에게는 깊은 신뢰를 바탕으로 문제를 해결하고 요구사항을 들어줄 사람이 필요한데, 지금 한창 엄마와 그런 관계를 구축하는 중이랍니다. 매번 상황을 설명하기가 쉽지는 않겠지만, 가능한 한 아이의 이야기를 들어주세요. 그리고 엄마와 아빠가 과제를 공유하고 함께 의논하길 바랍니다.

해결책을 찾기 위해 머리를 맞대고 상의하면 부부가 같은 방향으로 나아갈 수 있습니다. 그 과정에서 엄마도 아빠도 아이에 관해 더 많은 것을 배울 수 있을 것입니다. 또, 엄마는 아빠가 아빠로서 실패할 수 있는 기회를 줄 필요도 있습니다. 아빠의 방식을 고치려 들면 부부 사이에 골이 생길 수 있으니, 서로를 인정해주세요.

빨리 하라고 다그치게 된다

"빨리 해!" "얼른얼른 하라고!"
"정말 말 안 들을 거야!"

OK

"이제 나갈 시간이 됐으니 ~하자."
"다음은 뭘 해야 할까?"

추상적인 표현은 아이의 머릿속에 '물음표'를 띄운다 ————

영유아기(만 0~6세)에는 특히나 '구체적인 사고'를 하기 때문에 추상적인 개념을 이해하지 못합니다. 아동기(만 6~12세)에 들어서면 추상적으로 사고하는 기능이 발달하기 시작하지만, 그래도 만 6~9세 무렵까지는 여전히 추상적인 개념을 이해하는 데 어려움을 겪습니다.

가뜩이나 '언어'는 사물을 직접 보여주지 않고도 표현할 수 있는 매우 추상적인 도구인데, "빨리 해라", "제대로 해라"와 같이 추상성의 정도가 높으면 구체적인 사고를 하는 어린아이에게는 이해하기가 더욱 어렵습니다.

그러므로 **아이가 해야 할 행동을 구체적으로 전달하는 것이 중요합니다.** 이때도 '명령'보다는 '부탁과 제안'의 형식으로 이야기하고, 자기가 무엇을 해야 하는지 이해할 나이가 됐을 때는 "다음은 뭘 해야 할까?" 하고 질문을 던져보세요.

특히 만 0~3세에는 어른이 시범을 보이거나 함께 하는 등 '구체적인 행동'으로 보여주는 것이 중요합니다. '말로 아이를 움직이겠다'가 아니라, '말을 걸어 함께 하겠다'고 생각해보세요. 만 3세가 지나도 아이는 여전히 이제 막 세상에 나온 '새내기'입니다. 아이가 말귀를 알아듣기 시작하면 말하는 대로 척척 움직여주기를 바라게 되지만, 때로는 아이와 함께 행동할 필요도 있습니다.

항상 10분 정도 여유를 두고 움직여보세요. 그러면 마음에도 조금은 여유가 생길 것입니다.

1 긍정의 말

2 구체적인 말

3 부탁과 제안

4 인정의 말

5 전달의 말

핵심 point

☑ **아이가 해야 할 행동을 구체적으로 전달하자**
☑ **말로만 지시하지 말고 함께 행동하자**

● 몬테소리 엄마의 대화법

"빨리 해!"를 대신하는 5 STEP

STEP 1 해야 할 일을 구체적으로 이야기한다

> 이제 그림책 그만 보고 가방을 가져오겠니?

STEP 2 아이가 선택하게 한다

> 앞으로 몇 번 하고 그만할까?

STEP 3 기분 좋게 다가가 함께 행동한다

> 노래 부르면서 가지러 가자~!

STEP 4 시간이 임박했음을 알린다

> 마지막으로 말하는 거야.
> 이제 곧 나갈 시간이니까, 문 앞에서 기다릴게.

STEP 5 현관을 나선다

> 이제 시간이 됐으니 나간다!

"그렇게 꾸물대면 먼저 가버릴 거야!" 하고 으름장만 놓고는 어른이 집안에서 계속 준비하는 모습을 보이면 아이가 움직일 리 만무합니다. 'STEP 3'까지 수행하고도 아이가 좀처럼 움직이지 않을 때는 시간이 임박했음을 알리고 문 앞에서 기다립시다. 단, 이전 단계까지는 아이와 함께 행동하는 것을 잊지 마세요.

양치질을 싫어한다

"이를 안 닦으면 귀신이 잡아간다.
귀신 불러야겠다!"

OK

"이 거울로 어디에 음식이 끼어 있는지 볼까?"
"우리 양치질 놀이 할까?"
"○○(이)가 좋아하는 노래 부르면서 이 닦자!"
(노래를 부르는 동안 이를 닦는다)

양치질을 놀이처럼! ————————————

귀신이 잡아간다고 겁을 줘서라도 이를 닦게 하고 싶은 마음은 충분히 이해합니다. 하지만, 아이가 즐거운 마음으로 양치질에 흥미를 갖게 하는 것이 더 바람직하겠지요.

거울 너머로 양치하는 모습 보여주기, 아이와 마주보고 이 닦기, 아이가 좋아하는 노래 부르며 이 닦기, 치과놀이 하며 이 닦기, "지금 윗니를 닦고 있습니다~" 하고 중계하며 이 닦기 등등 그때그때 상황에 맞게 아이가 흥미를 보일 만한 아이디어를 발휘해보세요.

공포심을 일으키지 않는 선에서 충치에 관해 이야기하거나 양치질의 필요성을 설명하는 것도 도움이 됩니다.

핵심 point

☑ 아이가 흥미를 보일 만한 아이디어를 발휘하자
☑ 사실을 기반으로 충치에 관해서도 설명하자

TV를 보느라 식사에 집중하지 못한다

"그러고 있지 말고 빨리 밥 먹어!"

OK

"TV는 냠냠 하고 나서 보자!
다음은 뭘 먹을까?"

먼저 식사에 집중할 수 있는 환경을 만들자 ————

바쁜 아침에는 특히나 아이에게 명령조로 말하기 쉽습니다. 하지만 이 때도 '부탁과 제안'의 형태로 바꿔봅시다.

아이가 질문에 대답할 수 있다면, "다음은 뭘 먹을까?" 하고 선택지를 제시해 **아이 스스로 선택하고 결정할 수 있도록 하는 것도 좋습니다.**

이때 중요한 것은 '환경'입니다. 앞에서도 이야기했듯이, 아이는 주어진 환경 속에서 여러 경험을 하며 성장하므로, 식사에 집중할 수 있는 환경이 마련돼 있느냐 그렇지 않느냐가 매우 중요합니다. 식사 중에는 TV를 끄고, 장난감이 보이지 않는 자리에 앉게 하는 등 식사에 집중할 수 있는 환경을 마련해주면 아이에게 잔소리할 일이 없어질지도 모릅니다.

핵심 point

☑ 선택지를 제시해 스스로 결정하게 하자
☑ 식사에 집중할 수 있는 환경을 만들자

인사성이 부족하다

"그렇게 기어들어가는 소리로 인사하면 안 들리지!"

OK

"(어른도 함께) 안녕하세요!"
"눈을 보며 인사했네! 엄마가 봤어!"

'잘하고 있는 점'에 초점을 맞춰 긍정형으로 말하자 ————
아이의 모습이 눈에 차지 않거나 제대로 하지 못하고 있다고 느껴지면
부족한 점을 지적하고 싶어집니다. 하지만 그런 때일수록 '잘하고 있는
점'을 찾아 인정하는 것이 중요합니다. 부족한 점에 주목해 부정형으로 말
하기보다는, 잘하고 있는 점에 초점을 맞춰 긍정형으로 말해보세요.

그러면 아이는 인정받았다고 느끼며 자신감을 얻을 것입니다. 사람은 다른 사람으로부터 인정받으면 그 행동을 더 자주 하려는 습성이 있습니다. 자기만의 방식을 인정받은 아이가 인사를 더 자주 하다 보면, 목소리도 점점 더 커지고 적극적으로 인사하는 모습을 볼 수 있게 될 것입니다.

1 긍정의 말

2 구체적인 말

3 부탁과 제안

4 인정의 말

5 전달의 말

핵심 point

☑ 잘하고 있는 부분을 인정하자
☑ 자신감을 얻으면 자발적으로 행동하게 된다

식사 중에 돌아다닌다

"밥 먹다 돌아다니지 말라고 했어, 안 했어?"

OK

"밥은 한자리에 앉아서 먹는 거야.
여기에 궁둥이를 붙이고 앉읍시다."

'이렇게까지?'라고 느껴질 만큼 구체적으로 설명하자 —————

부정형으로 말하면 자기도 모르게 감정이 실려 점점 더 격앙된 말투로 이야기하게 됩니다. 그러면 아이는 '엄마가 화를 내고 있다', '아빠에게 혼나고 있다'라고 느낄 뿐, 정작 어떤 행동을 해야 할지는 알 수 없습니다. 이런 부작용을 방지하려면, '이렇게까지 자세히 알려줘야 하나?'라는 생각이 들 만큼 아이가 해야 할 행동을 구체적으로 설명해주세요.

한편, 배가 고프지 않거나 이미 배가 찼을 때는 식사에 흥미가 사라져 주의가 산만해지기 마련입니다. 이 점도 고려해, 아이가 식사에 집중하지 못하는 상태가 지속될 것 같으면, "앞으로 ○입만 더 먹고 그만 먹자" 하고 식사를 중단해도 괜찮습니다.

1 긍정의 말

2 구체적인 말

3 부탁과 제안

4 인정의 말

5 전달의 말

핵심 point

☑ 감정 조절을 위해서라도 부정형으로 말하지 말자
☑ 아이가 배가 고픈지 아닌지도 확인하자

음식으로 장난을 친다

"음식으로 장난치는 거 아니라고 했지!"

OK

"이건 음식이야. 이렇게 먹는 거란다.
(어른이 시범을 보인다) ○○(이)도 먹어볼래?"

"이렇게 먹는 거야" 하고 긍정형으로 이야기하자 ————

아이가 식사 도중에 음식으로 장난을 치기 시작하면 제지해야 한다는
생각부터 들 것입니다. 하지만 이때도 '하지 말아야 할 것'보다는 '해야 할
것'이 무엇인지를 이야기해보세요.

"장난치지 마!"라는 부정형을 "이렇게 먹어보자!"라는 긍정형으로 바꾸

는 것입니다. 또, "제대로 먹어야지"라는 추상적인 표현도, 아이가 해야 할 행동을 자세히 설명하는 구체적인 표현으로 바꿔보세요.

앞서 이야기한 것처럼, 아이는 '스펀지처럼 흡수하는 능력'이 있어서, 어른이 행동으로 보여주면 '아, 저렇게 하면 되는구나!' 하고 금세 보고 배울 것입니다.

1 긍정의 말

2 구체적인 말

3 부탁과 제안

4 인정의 말

5 전달의 말

핵심 **point**

☑ **부정형을 긍정형으로 바꾸자**
☑ **어른이 본보기가 되자**

이불에 지도를 그리고 말았다

> "또야? 아, 정말……. 바빠 죽겠는데!"

OK

> "자다가 쉬야가 나왔구나.
> 씻고 깨끗한 옷으로 갈아입자!"

질책하지 않아도 스스로 깨닫게 된다 ─────

어쩔 수 없다는 것을 알면서도, 정신없이 바쁜 아침에는 "또야?" 하고 아이를 탓하며 한숨을 몰아쉬게 됩니다.

그러나, 아이가 실수했을 때는 '질책하지 않는 것'이 무엇보다 중요합니다. "조심하라고 했지!"라고 나무라지 않아도, 아이 스스로 상황을 파악할 것이기 때문입니다. 소변으로 축축해진 옷과 이불을 보고 아이는 자신의 실수로 어떤 일이 벌어지는지 충분히 느낄 수 있습니다. 그러므로 "씻고 깨끗한 옷으로 갈아입자" 하고, '실수를 만회하는 방법'을 구체적으로 알려주는 것이 장기적으로 훨씬 더 도움이 됩니다.

1 긍정의 말

2 구체적인 말

3 부탁과 제안

4 인정의 말

5 전달의 말

핵심 point

☑ 아이가 실수했을 때 '질책하지 않는 것'이 중요하다
☑ 실수를 만회하는 방법을 구체적으로 알려주자

음식을 흘리거나 쏟았을 때

NG

"한눈파니까 그렇지! 잘 보라고 했잖아!"

OK

"음식이 떨어졌구나.
이렇게 행주로 닦으면 돼." "이렇게 두 손으로 잡으면
흘리지 않을 수 있어" (시범을 보인다)

실수를 만회하는 방법을 알려주자

앞에서 이야기한 것처럼, 아이가 실수했을 때는 '질책하지 않고, 만회하는 방법을 알려주는 것'이 중요합니다.

그렇게 아이 스스로 '실수하기 전의 상태'로 되돌릴 수 있게 되면, 더는 '실수'가 아니게 되므로 짜증이나 화를 낼 일도 없을 것입니다. 또, **실수를**

만회하는 능력을 기르는 것은 '자립'으로 직결되므로, 아이가 '스스로 살아 가는 힘'을 기르는 데에도 도움이 됩니다.

어린아이는 설명을 듣는 것만으로는 이해하지 못합니다. 그러므로 부 모가 시범을 보이거나 함께 행동함으로써 차츰 아이 스스로 할 수 있도록 도와줘야 합니다.

이때 "잘 봐!", "제대로 하란 말이야!"라는 말을 하기 쉬운데, 이는 아이 가 이해하기 어려운 추상적인 표현입니다. "이렇게 양손으로 잡는 거야" 하고 구체적으로 설명하거나 시범을 보이는 것이 훨씬 효과적입니다.

더불어, 아이 손에 맞는 행주나 빗자루와 같은 도구를 아이의 손이 닿는 곳에 놓아두는 등 적절한 환경을 갖추는 것도 중요합니다.

핵심 point

☑ **실수를 만회하는 방법을 반복적으로 설명하자**
☑ **스스로 치우고 정리하는 데 필요한 도구를 준비하자**

아이에게 실수를 만회하는 방법을 알려주자

NG "똑바로 잡으라고 했지!"

➡ **OK** "그릇이 깨졌구나. 다치지 않게 조심해."

NG "으이구, 다 흘렸네, 다 흘렸어!"

➡ **OK** "밥이 떨어졌으니 주웁시다."

NG "한눈팔면서 먹으니까 옷에 다 묻잖아!"

➡ **OK** "옷이 지저분해졌으니 새 옷으로 갈아입자"

NG "기껏 만들었는데 못 먹게 됐잖아!"

➡ **OK** "바닥에 떨어져버렸네. 새 걸로 다시 담아줄게."

NG "흘리지 좀 말라고 했지!"

➡ **OK** "괜찮니? 행주 가져와서 닦아줄래?"

소리를 지르며 운다

"뚝! 울지 마! 그만 울어!"

OK

"○○가 싫었구나." "그래, ~가 하고 싶었구나."

울음을 그치게 하는 것보다 아이의 마음을 헤아리는 것이 먼저! -

아이가 소리를 지르며 울기 시작하면 엄마의 감정도 요동칩니다. 하지만 아이는 결코 엄마를 힘들게 하려고 일부러 그러는 것이 아닙니다. 감정과 욕구를 제어하는 능력이 아직 부족할 뿐입니다.

자신의 감정을 어떻게 표현해야 할지 몰라서 소리를 지르고 우는 행동

을 통해 그것을 표출하고 있는 것입니다. 그러므로, 당장 울음을 그치게 하려고 애쓰지 않아도 괜찮습니다.

그보다 먼저 할 일은 '아이의 마음을 헤아리는 것'입니다. 아이를 안아주거나 등을 쓰다듬으며 "~가 하고 싶었구나" 하고 아이의 마음을 헤아려 대변해주면, 아이도 자신의 감정이 어떤 상태인지 알아차리고 마음을 가라앉히게 될 것입니다.

부모의 역할은 아이가 '냉정 모드'의 스위치를 켤 수 있도록 도와주는 것입니다. 이를 통해 아이는 감정과 욕구를 인식하고 말로 표현하는 힘을 키워나갈 것입니다.

핵심 point

☑ 먼저 아이의 마음을 헤아리자
☑ 아이 스스로 마음을 가라앉힐 수 있도록 도와주자

● 몬테소리 엄마의 대화법

아이의 집중력이 약해요
(만 5세)

우리 어른은 무언가 중요한 일을 할 때 집중이 잘될 만한 위치에 자리를 잡고 주변 소음을 차단하는 등 먼저 환경을 갖추지요. 하지만 아이는 아직 그만한 능력이 없습니다. 그래서 어른이 적절한 환경을 만들어줄 필요가 있습니다. 이때 유의할 점은 시각 및 청각 정보를 최대한 차단하는 것입니다. 책상은 벽을 향해 두고 TV를 끕니다. 그리고 아이가 집중하기 시작하면 되도록 말을 걸지 않는 것이 좋습니다.

집중이란, 지금 하고 있는 일에 빠져들 때 자연스럽게 일어나는 현상입니다. "여기에 집중해!" 하고 지시한다고 해서 없던 집중력이 발휘되지는 않습니다. 의욕, 관심, 흥미가 없으면 당연히 집중할 수 없습니다. 그래서 자기 선택이 가능한 환경 및 어른과의 관계성이 중요한 것입니다. 이런 여러 요소가 어우러져 자연스럽게 집중을 경험하게 되면 점점 더 쉽게, 더 오래 집중하게 될 것입니다.

어린이집이나 유치원에 가지 않으려고 한다

NG

"울지 마…. 정작 울고 싶은 건 나라고…."

OK

"헤어지고 싶지 않은 마음 이해해.
꼭 데리러 갈게. 잘 다녀와!"
"아빠는 열심히 일하고 올게."

아이의 마음을 헤아려 말로 표현해주자 ————

아이가 등원을 거부하며 옷자락을 붙잡고 매달리면 엄마, 아빠의 발길
도 쉽게 떨어지지 않습니다. 출산휴가가 끝나고 처음으로 아이와 떨어져
출근할 때는 특히나 더 마음이 미어지지요. 이때는 아이의 마음을 충분히
헤아려 그 마음을 말로 표현해주세요.

그리고 "꼭 데리러 갈게. 잘 다녀와!" 하고 밝게 인사해주세요. 엄마, 아빠가 불안해하면 그 감정이 고스란히 전달돼 아이는 더 큰 불안감을 느끼게 됩니다. 그러므로 "괜찮아. 재미있게 놀고 와" 하고 밝은 모습으로 배웅하는 것이 중요합니다.

아이와 떨어져 있는 동안 부모가 어떤 일을 하는지도 설명해주세요. "엄마는 지하철을 타고 ○○까지 가서 일하고 올 거야", "아빠는 오늘 일하러 ○○에 가. ○○씨와 만나서 이야기하고 올게" 하고 말이죠. **거짓말로 둘러대지 말고 사실대로 충분히 설명하면, 당장은 울음을 그치지 않을지 몰라도, 마침내 엄마, 아빠가 어떤 일을 하는지 이해하고 안도감을 느끼게 될 것입니다.**

"제일 먼저 데리러 갈게", "빨리 올게" 하는 말로 아이를 안심시키고 싶은 마음도 들겠지만, 지킬 수 있는 약속을 하는 것이 중요합니다.

1 긍정의 말

2 구체적인 말

3 부탁과 제안

4 인정의 말

5 전달의 말

핵심 point

☑ 불안한 마음이 전염되지 않도록 밝은 모습으로 배웅하자
☑ 떨어져 있는 동안 부모가 무슨 일을 하는지도 설명하자

● 몬테소리 엄마의 대화법

육아 문제, 부부 갈등을 해결하는 비결이 있을까요? (만 4세)

부정적인 감정이 들 때는 '섣불리 판단하지 않는 것'이 무엇보다 중요합니다. 우리 인간은 '이것은 이렇다' 하고 여러 일들을 정의하고, 그것을 기본값으로 설정해두려는 습성이 있습니다. '우리 아이는 낯을 가린다', '내 배우자는 자신감이 부족하다' 하고 낙인을 찍어두면, 매번 새롭게 판단하는 수고를 들이지 않아도 되기 때문입니다. 하지만 그 결과 색안경을 벗지 못하고 편견에 갇힐 우려가 있습니다.

이 점을 유념하면, 기대와 현실 사이에서 괴로워하는 일 없이 편안한 마음으로 지낼 수 있을 것입니다. "저 사람은 ~니까" 하고 꼬리표를 붙이려는 자신을 발견한다면, 나도 상대도 끊임없이 변화(성장)하고 있다는 점을 기억하며 새로운 시각으로 상대를 바라보기 바랍니다.

입학할 때

[이럴 수 있다! 있다!]

● 입소, 입학을 앞두고 불안해한다

● 새로운 환경에 적응하지 못해 힘들어한다

● 어린이집이나 유치원에 가는 것을 싫어한다

아이와 사전에 정보를 공유하고,
새로운 생활에 대한 기대감을 심어주자

새로운 생활을 앞둔 시기에는 "여기는 ○○어린이집이야. 3월부터 다닐 거야", "엄마는 ○○(이)가 어린이집에 있는 동안 일하고 올게" 하고 사전에 충분히 정보를 공유합시다.

어른들은 설명회나 자료를 통해 여러 정보를 얻지만, 아이는 아무런 준비 없이 새로운 환경에 놓이는 경우가 의외로 많습니다. 아이가 다닐 어린이집이나 유치원을 보여주며 "여기가 ○○(이)가 앞으로 다닐 곳이야" 하고 알려주고, 함께 준비물을 준비하며 "○○(이)는 무슨 반일까?" 하고 기대감을 심어주세요. 기관에서 나눠준 자료나 홈페이지에 실린 사진을 보며 앞으로의 생활을 상상해보는 것도 좋습니다.

가뜩이나 낯선 환경에 놓이는 것만으로도 불안한데, 물건까지 익숙하지 않은 새것을 사용해야 하면 아이의 불안감이 더 커질 수 있습니다. 그러므로 어린이집이나 유치원에 가기 전에 가정에서도 새 물건을 사용하는 연습을 해보세요. 이때, 만 3세 이하의 어린아이는 집에서 사용하던 애착 물건을 그대로 사용하게 하는 편이 안도감을 줄 수 있습니다.

또, "그렇게 행동하면 유치원에 못 간다" 하는 식의 부정적인 말보다는, "어린이집 재밌겠다~", "친구랑 장난감 가지고 놀 수 있대!" 하고 긍정적인 말로 기대를 심어주는 것도 중요합니다.

첫 반항기 때

[이럴 수 있다! 있다!]

- 무엇을 하든, 무슨 말을 하든 "싫어! 싫어!"를 연발한다
- 졸릴 때는 유독 칭얼거리며 애를 먹인다
- 자기주장이 강해진다

정면으로 대립하지 말고,
먼저 마음을 헤아리고 대변해주자

이른바 '제1의 반항기'에는 무슨 말을 해도 "NO!"라고 반응하기 때문에 매사에 시간이 걸리고 애를 먹기에 십상입니다. 이는 아이가 부모에게 반항심을 품어서가 아니라, 이제 막 싹을 틔운 '자아'가 의지를 표출하고자 하는 욕구를 분출하는 시기이기 때문입니다. '의지력'은 그것을 사용할 때 비로소 강해지기 때문에, 근육을 단련하듯 아이는 매일 의지력 훈련을 하는 중이랍니다.

이 시기의 대화법 포인트는 '정면으로 대립하지 않기'입니다. **아이가 "싫어! 싫어!"라고 말하면, "그래, 싫구나" 하고 먼저 아이의 감정을 있는 그대로 받아들이고 말로 표현해주세요.**

어린이집이나 유치원에 다녀와서 고단하거나 잠들기 전 졸음이 밀려올 때처럼 수면 욕구가 채워지지 않은 상태에서는 더 심하게 칭얼거릴 수 있습니다. 이때도 "피곤했구나" 하고 아이의 마음을 대신 표현해주세요.

이 무렵은 스펀지처럼 수많은 어휘를 흡수하고 내뱉으며 언어능력을 발달시키는 시기이기도 하므로, "이럴 땐 'ㅇㅇ 하고 싶어요'라고 말하는 거야" 하고 어떻게 말하면 좋을지를 상황에 맞춰 반복적으로 가르쳐주는 것이 중요합니다. 그러면 아이는 자신의 욕구와 감정을 차츰 말로 표현하게 될 것입니다.

용변 학습을 시작할 때

[이럴 수 있다! 있다!]

● 매번 실패해서 부모도 아이도 짜증이…

● 외출 한 번에 도로 아미타불

● 다른 아이에 비해 느리다며 어른이 더 불안해한다

자발적으로 화장실을 이용하도록 돕자

몬테소리 교육에서는 용변의 자립을 위한 과정을 '용변 훈련(toilet training)'이 아닌, '용변 학습(toilet learning)'이라고 부릅니다. 대소변을 가리도록 '훈련'시키는 것이 아니라, '배움'을 통해 자립할 수 있도록 돕자는 뜻이지요. 그래서 얼마나 적게 실수하고 얼마나 빨리 성공하는가가 아니라, '실수할 수 있다'는 전제하에, 실수했을 때는 어떻게 대처해야 하는지, 언제 화장실에 가면 좋을지를 배워 자발적으로 화장실을 이용하게 되는 것을 목표로 합니다.

용변 학습을 시작하는 시기가 제1의 반항기에 해당하기 때문에 무턱대고 싫다며 거부할 가능성이 있습니다. 그러므로, 소변을 보는 간격이 1시간 이상 벌어지는 18개월 무렵부터는 낮에는 팬티를 입고 생활하며 주기적으로 화장실에 갈지 물어보고, 혹시 실수하게 되면 옷을 갈아입는 것이 습관이 되도록 도와주세요. 이때 아이 스스로 변기를 이용하는 연습을 할 수 있도록 유아용 변기를 준비하는 것이 좋습니다.

놀이에 푹 빠져 있을 때는 실수하기가 더 쉽습니다. 그럴 때도 절대 질책하지 말고, 옷을 갈아입도록 한 후 "다음에는 참지 말고 화장실에 가자" 하고 부드럽게 타일러주세요. '용변 실수는 절대 해서는 안 되는 일'이라고 느끼기보다는, 그 과정을 통해 배울 수 있도록 도와주는 것이 중요합니다.

컨디션이 나쁠 때

[이럴 수 있다! 있다!]

● 평소보다 더 오래 심하게 칭얼댄다

● 스스로 할 수 있는 일도 하지 않으려 한다

● 밖에서 놀지 못하는 것에 스트레스를 느낀다

아이는 자신의 몸 상태를
스스로 알아차리지 못한다

감기 기운이 있거나 몸 상태가 좋지 않을 때 아이는 평소보다 심하게 칭얼거리고, 스스로 할 수 있는 일도 못 한다고 버티며 성을 내기도 합니다. 우리 어른도 머리가 아프고 코가 막히는 등 몸이 좋지 않으면, 기운이 없고 집중이 되지 않으며 피로감을 쉽게 느끼지요. 다행히 어른은 자신의 몸 상태를 객관적으로 바라보고, '오늘은 푹 쉬어야 겠다', '컨디션이 좋지 않으니 무리하지 말아야 겠다' 하고 스스로 조절할 수 있습니다.

하지만 아이는 자신의 몸 상태가 좋지 않다는 것을 스스로 알아차리지 못할뿐더러, 그것을 조절할 능력도 갖추고 있지 않습니다. 그래서 아이가 힘들어할 때는 "코가 막혀서 괴롭구나", "감기 기운이 있으니 오늘은 집에서 쉬자" 하고 부모 대신 컨디션을 조절해줄 필요가 있습니다.

쉽게 짜증을 내고 칭얼거리는 모습을 보이더라도, 지금 아이가 힘들어하고 있음을 헤아려 너그럽게 응석을 받아주고 빨리 회복할 수 있도록 도와줍시다.

어른도 약속을
지키지 못할 때가
있는데도…

"말 좀 들어"라고 다그치게 된다

인사성 바른 아이였으면 좋겠다

열심히 했을 때는 칭찬을 많이 해도 될까?

아이 돌보느라 집안일을
맘 편히 할 수 없는
낮 시간

아이가 어린이집이나 유치원에 다니지 않거나, 등원하지 않는 날,
함께 장을 보거나 놀이터에서 시간을 보낼 때
어떻게 대화하면 좋을까요?
낮잠 시간이 다가오면 칭얼거리기도 일쑤!
이때 유의할 점을 함께 살펴봅시다.

 낮 시간

한번 놀이를 시작하면 끝이 없다

"이제 그만하라고 했지! 적당히 좀 해!"

OK

"딱 한 번만 더 하고 그만하자."
"이제 정리합시다! 상자에 장난감 넣어줄래?
엄마 하는 거 봐~"

놀이를 멈추는 방법을 구체적으로 설명하자

영유아기에는 아직 의지력이 충분히 발달하지 않아서 욕구를 잘 제어하지 못합니다. 성숙한 어른도 '하나만 더, 하나만 더…' 하다 결국 과자봉지를 전부 비우거나, 시간 가는 줄 모르고 친구와 하염없이 수다를 떨기도 하지요. 이처럼 어른도 무언가를 멈추려면 강한 의지력이 필요합니다. 그러니 아이가 재미있는 일을 멈추지 못하는 것은 어쩌면 당연한 일이겠지요.

그러므로 대화를 통해 '멈추기'를 도와줍시다. "앞으로 딱 한 번만 더 하고 그만하자" 하고 구체적으로 말해주세요. 아이가 숫자와 시간 개념을 익힌 후에는 "앞으로 몇 번/몇 분 더 하고 그만둘까?" 하고 질문함으로써 아이 스스로 결정하게 하는 것도 좋습니다.

또, "장난감 정리하고 나서 함께 요리하자!" 하고 다음 할 일을 즐겁게 이야기하는 것도 좋은 방법입니다. 그러면 아이의 의식이 '멈추기'에서 '하기'로 전환돼 긍정적인 마음으로 행동할 것입니다. 포인트는 부모가 기분 좋은 말투로 이야기하고 함께 행동하는 것입니다. 화난 듯한 말투로 "여기에 장난감 넣어!" 하고 **명령하면, 아이의 몸은 움직이게 할 수 있을지 몰라도, 아이의 마음은 움직일 수 없습니다.** 기분 좋고 즐거운 목소리로 이야기할 때 아이의 마음도 자연스럽게 그 목소리를 향할 것입니다.

☑ **'멈추기'를 도와주자**
☑ **다음 할 일을 즐겁게 이야기하는 것도 효과적**

낮 시간 ●

93

아직 말을 못 하는 아이와
대화를 해야 하나요? (10개월)

아직 말을 시작하기 전이라 하더라도 아이와 대화를 나누는 것은 대단히 중요합니다. '아직 말을 하지 못하니 대화할 필요가 없다'고 생각하지 말고, "'안녕하세요'라고 하는 거야" 하고 말을 가르쳐주세요. 또, 부모가 다른 사람에게 "고마워요", "미안해요", "다음에 봐요", "이것 좀 드세요" 하고 말하는 모습을 보는 것만으로도, 아이는 '아, 저런 때는 저렇게 이야기하는구나' 하고 어휘, 말투, 표정 등을 흡수하며 자신의 것으로 만들어 나갑니다. 이때, 아이가 잘 알아들을 수 있도록 천천히 말하는 것이 좋습니다. 어른도 외국어를 배울 때 처음에는 천천히 말해줘야 쉽게 이해하는 것과 같습니다.

약속을 지키지 않는다

NG

"왜 약속을 지키지 않는 거야?"
"아까 약속했잖아!"

OK

"조금 전에 약속한 대로 손 잡고 걷자~"
"아까 어떻게 약속했더라?"

'한 일'을 탓하지 말고, '할 일'을 이야기하자 ―――――

 기억력과 의지력이 한창 발달하고 있는 시기이기에, 아이는 의도치 않게 약속을 잊어버리거나 어기기도 합니다. 이렇게 아이가 약속과 다른 행동을 하면, "어째서 약속을 지키지 않는 거야?" 하고 탓하게 되지요. 하지만 중요한 것은 '약속을 지키지 않은 과거'가 아니라, '앞으로 어떻게 행동하며 어떤 능력을 습득할 것인가'입니다.

스스로 생각하고 행동하는 힘, 즉 '자립과 자율'을 성취하도록 돕고 싶다면, 아이가 그렇게 할 수 있도록 이야기해줘야 합니다. 가령 뛰지 않고 손을 잡고 걷기로 약속했다면, "조금 전에 약속한 대로 손 잡고 걷자" 하고 약속 내용을 한 번 더 말해주세요. "아유, 정말! 아까 약속했잖아!"처럼 질타하는 말이 아닌, 설명하는 말로 바꾸는 것입니다.

약속 내용을 이해하고 기억할 수 있는 만 3세 이상이 되면, "아까 어떻게 약속했더라?" 하고 내용을 상기시켜주세요. 아이가 주관식으로 대답하기 어려워한다면, "혼자 돌아다니기로 약속했던가?" 하고 YES/NO로 대답할 수 있는 질문으로 바꿔도 좋습니다.

핵심 point

☑ 질타하는 말이 아닌, 설명하는 말로 바꾸자
☑ 약속 내용을 상기시켜주자

● 몬테소리 엄마의 대화법

놀아 달라고 조르는 아이 때문에
집안일을 하기 어려워요 (만 2세)

만 2세 무렵부터는 아이의 사회성이 발달하기 시작합니다. 이에 따라 혼자서도 잘 놀던 아이가 차츰 누군가와 함께 놀고 싶어 하는 모습을 보입니다. 이 시기에는 아이가 놀이를 원할 때 적극적인 태도로 충분히 상대해주는 것이 좋습니다.

단, 놀이를 시작하기 전에 "놀이가 끝나면 엄마는 밥을 지으러 갈 거야" 하고 이후의 상황을 분명히 설명해주세요. 그런 다음 "아까 이야기한 것처럼 엄마는 이제 밥을 지을게" 하고 말하며 놀이를 종료합니다. 만약 아이가 거부한다면, "다음에 또 놀 수 있어. 다음에는 어떤 놀이를 할지 생각해줄래?" 하고 다음 기회가 있다는 점을 알려주세요. 적극적이고 진지하게 상대해줄 때 아이가 심리적 만족감을 얻는다는 점을 기억합시다.

낮 시간

친구의 장난감을 뺏으려 한다

"친구 거 뺏는 거 아니야!"

OK

"이건 ○○(이)의 장난감이니까 뺏으면 안 돼.
가지고 놀고 싶으면 '빌려줘'라고 말하는 거야."

나무라는 대신 차분하게 설명하자

아이가 분별없는 행동을 하면, 다른 사람에게 피해를 주면 안 된다는 생각에 순간적으로 언성을 높이게 됩니다. 하지만 이때도 아이를 나무라는 대신 차근차근 설명해주세요. 차분한 목소리로 "이건 ○○(이)의 장난감이니까 뺏으면 안 돼"라고 이야기함으로써 다른 사람의 물건에 함부로 손을 대면 안 된다는 규칙을 알려주세요. 그런 다음 아이의 생각과 감정을 수용하고, 그것을 대신 말로 표현해주며 아이에게 다가갑시다.

더불어, 바람직한 행동을 구체적으로 설명하는 것도 중요합니다. "뺏지 말고 말로 해"와 같은 추상적인 표현보다는, 어떻게 말하면 좋을지를 구체적으로 알려주는 것이 더욱 효과적입니다.

1 긍정의 말

2 구체적인 말

3 부탁과 제안

4 인정의 말

5 전달의 말

핵심 point

☑ 차분한 말투로 이성적으로 설명하자
☑ 바람직한 행동을 구체적으로 알려주자

친구에게 장난감을 빌려주지 않는다

NG

"장난감 안 빌려주면 못 놀게 할 거야."

OK

"빌려주고 싶지 않을 때는
'나중에 빌려줄게' 하고 말하면 돼. 같이 말해볼까?"

장난감을 빌려주지 않아도 괜찮다! ─────

지금 한창 '자아'를 형성하고 있는 아이는 자기가 원하는 일을 만족할 때까지 하고 싶어하며, 그러한 경험이 필요한 시기이기도 합니다. 그러므로 '아이가 원하지 않는다면 빌려주지 않아도 괜찮다'고 어른의 생각을 먼저 전환할 필요가 있습니다. 그런 다음 **자기 의사를 상대에게 전달하는 방법**

을 구체적으로 알려주세요.

아이가 아직 말을 배우지 못했거나 쑥스러워할 때는, "같이 말해볼까?"
하고 아이와 함께 말하거나 아이 대신 말해줘도 괜찮습니다.

핵심 point

☑ '빌려주지 않아도 괜찮다'는 생각으로 전환하자
☑ 어른이 아이와 함께 또는 대신 말해도 괜찮다

친구를 때리고 물건을 부순다

NG

"너, 지금 뭐 하는 짓이야!"

OK

"(제지하며) 사람을 때리면 안 돼."
"물건을 돌려받고 싶을 때는 '돌려줘'라고 말하는 거야."

먼저 문제행동을 제지하자 ──────

이 경우의 대처법도 기본적으로는 '친구의 장난감을 뺏으려 한다'에서 살펴본 방법과 같지만, 한 가지 다른 점이 있습니다. 그것은 '먼저 문제행동을 제지하는 것'입니다.

자기 자신을 포함한 사람에게 위해를 가하거나 물건을 부술 때는 먼저 몸을 이용해 제지할 필요가 있습니다. 사람을 때린다면 때리는 손을 붙잡고, 물건을 던진다면 던지는 팔을 붙잡아 제지한 후, 위의 OK 예시처럼 이야기해주세요.

그리고 "~가 싫었구나" 하고 아이의 감정을 수용한 후, "그래도 사람을 때리는 일은 절대 해서는 안 돼" 하고 차분하고 진지한 태도로 규칙을 알려줍시다.

1 긍정의 말

2 구체적인 말

3 부탁과 제안

4 인정의 말

5 전달의 말

핵심 point

☑ 먼저 몸을 이용해 문제행동을 제지하자
☑ 차분한 목소리로 바람직한 행동을 구체적으로 알려주자

장난감을 빼앗기고 울 때

"바보같이 울지 말고, 싫으면 싫다고 말해."

OK

"친구가 장난감을 가져가서 속상하구나.
'돌려줘'라고 말해볼까?"

어떻게 하면 문제를 해결할 수 있을지 알려주자 ─────────

아이가 속상한 일로 울고 있을 때는 먼저 그 감정을 헤아리고 말로 표현
해줍시다. 그러면 자신의 감정이 있는 그대로 받아들여진 데에 안도감을
느끼고 아이 스스로 감정을 가라앉힐 수 있을 것입니다.

물건을 뺏기는 일을 처음 겪은 아이에게는, "그럴 때는 '친구야, 내 장난

감 돌려줘'라고 말하면 돼" 하고 어떻게 하면 문제를 해결할 수 있을지 알려주세요.

비슷한 일을 여러 번 겪었다 하더라도, 혼자서는 대처하지 못하거나 용기가 나지 않아서 주저할 수 있습니다. 그럴 때는 "함께 가서 돌려달라고 말할까?" 하고 제안하는 것도 좋은 방법입니다.

1 긍정의 말

2 구체적인 말

3 부탁과 제안

4 인정의 말

5 전달의 말

핵심 **point**

☑ 먼저 감정을 헤아리고 말로 표현해주자
☑ 문제 해결 방법을 알려주자

배운 것을 기억하는지
확인하고 싶을 때

NG

"이건 뭐였지?"

"코끼리는 어디 있을까? 기린은 어디 있을까?"

말로 옮기는 것은 생각보다 어려운 일이다 ─────

아이에게 이름을 가르쳐준 적 있는 사물을 다시 접하게 되면, 그것을 기억하고 있는지 확인하고 싶은 마음에 "이건 뭐였지?" 하고 물을 때가 있지요.

하지만 겨우 몇 번 들어본 단어를 입으로 소리내 말하는 것은 실은 매우 어려운 일입니다. 더구나 아이는 지금 무서운 속도로 수많은 어휘를 습득하고 있기 때문에, 그 많은 말을 소화해 자신 있게 발화하려면 꽤 많은 시간이 필요합니다.

그러므로 아이 스스로 입을 떼기 전까지는, "ㅇㅇ은/는 어디 있을까?" 하고 말 대신 손가락으로 가리켜 대답할 수 있는 질문을 던지는 것이 바람직합니다.

핵심 point

☑ 알고 있어도 말로 표현하지 못할 수 있다
☑ 손가락으로 가리켜 대답할 수 있는 질문을 던지자

낮 시간

마트에서 물건을 사달라고 떼를 쓰며 운다

"뚝 그치지 못해! 사람들이 쳐다보잖아."

OK

"속상했구나. 알겠어. (잠시 시간을 두고)
하지만 그건 사지 않을 거니까 제자리에 돌려놓자."
"여기는 위험하니까 저쪽으로 가자.
엄마가 안아줄게." (아이를 안고 이동한다)

다른 사람의 시선보다 아이를 먼저 생각하자 ─────

주위의 시선이 따갑게 느껴지겠지만, 인내심을 발휘해 먼저 아이의 감
정을 수용한 후 그것을 말로 표현해주세요. "그건 안 돼" 하고 시종일관
부정하기만 하면, 아이는 더욱 격렬하게 자신의 욕구를 표현할 것입니다.

● 몬테소리 엄마의 대화법

그 다음 잠시 호흡을 가다듬을 시간을 준 후, 마트에 오기 전에 약속한 내용을 상기시키거나 요구를 들어줄 수 없다는 점을 분명히 전달하고, "그건 제자리에 돌려놓자"라고 긍정형으로 말해주세요.

그래도 아이가 진정되지 않을 때는, 앞에서 살펴본 것처럼, 당장 울음을 그치게 하기보다는 사람이 적은 곳으로 이동하는 것이 바람직합니다. 이 때 "저쪽으로 가자. 엄마가 안아줄게" 하고 미리 알려주세요. 그러면 아이는 존중받고 있다고 느낄 것입니다.

핵심 point

☑ **아이의 감정을 수용하고 말로 대신 표현해주자**
☑ **아이가 진정되지 않을 때는 다른 곳으로 이동하자**

낮 시간

깨지기 쉬운 물건에 손을 댄다

"안 돼! 만지지 마!"

OK

"이건 소중한 물건이니까 보기만 하자.
(물건을 바라보는 모습을 보여준다)
이렇게 만지지 않고 보는 거야."

연령에 맞춰 구체적으로 설명하자 ──────

아이가 해서는 안 될 행동을 하면 반사적으로 부정형으로 말하게 되지요. 하지만 긍정형으로, 구체적으로 말하는 것이 중요합니다. 아이의 연령에 맞는 어휘와 화법으로 이유를 설명하면 아이도 더욱 쉽게 납득하고 스스로 생각해 행동하는 힘을 기를 수 있습니다.

● 몬테소리 엄마의 대화법

만 0~1세에는 "조심조심~", 만 2~3세에는 "이건 소중한 거야. 조심하자", 만 3~4세에는 "이건 깨지면 다시 붙일 수 없어. 그래서 아주 조심해야 해", 만 4세부터는 "이건 여기에서 파는 물건이야. 유리로 돼 있어서 떨어뜨리면 깨져. 일단 깨지면 원래대로 되돌릴 수 없으니까, 눈으로 보기만 하자"라고 말해주세요.

만 3세 이하의 어린아이에게는 '눈으로 보기만 하는 것'이 어떤 것인지 행동으로 보여줄 필요가 있다는 점도 기억합시다.

1 긍정의 말

2 구체적인 말

3 부탁과 제안

4 인정의 말

5 전달의 말

핵심 **point**

☑ **부정형이 아닌 긍정형으로, 구체적으로 이야기하자**
☑ **연령에 맞춰 표현 방식을 달리한다**

"이건 뭐야?" "왜?" 등등 질문을 연발한다

"아유, 귀찮아. 아까도 물어봤잖아!"

OK

"그건 ○○(이)야."

"아빠도 잘 모르니까 함께 찾아보자."

"지금은 모르니까 내일 알려줄게."

성실하게 대답해줄 때 배움의 기반을 다질 수 있다 ──────

사물의 이름을 알고 싶을 때, 궁금한 일이 생겼을 때, 아이는 "이건 뭐야?", "왜?" 하고 끊임없이 질문을 던집니다. 어른으로서는 쉴 새 없이 쏟아지는 질문이 귀찮아서, "아까도 물어봤잖아!" 하고 핀잔을 주기도 합니다. 그런데 **지금 아이의 내면에서는 자신이 살아갈 이 세계를 알고자 하**

는 욕구가 샘솟고 있으며, 그것을 알 때 비로소 환경에 적응할 수 있다는 점을 이해하기 바랍니다.

이때 우리 어른이 할 수 있는 일은 '성실하게 답하는 것'입니다. 당장 답을 모를 때는 나중에 찾아보고 대답해도 좋습니다. 그럴 때는 "내일 알려줄게" 하고 말하면 됩니다. 어른이 성실하게 대답해줄 때 아이는 앎의 즐거움을 느끼고 배움의 기반을 다질 수 있습니다.

핵심 point

☑ 성실하게 대답해줄 때 배움의 기반을 다질 수 있다

☑ 모를 때는 찾아보고 대답해도 좋다

잘되지 않으면 쉽게 포기해버린다

NG

"절대 포기해선 안 돼!"

OK

"이걸 이렇게 하고 싶은 거지?"
"엄마가 조금 도와줄까?" "이렇게 하면 될지도 몰라.
한번 해볼래?"

아이의 의도를 말로 대신 표현해주고, 도움을 주는 선에 머물자 –

가장 먼저 할 일은 "이 끈을 이렇게 묶고 싶었던 거지?" 하고, 아이의 의

도를 헤아려 말로 표현해주는 것입니다.

그 다음 아이가 성취감을 느낄 수 있도록 힘을 조금만 보태주세요. 무턱

대고 도와주면, "내가 하고 싶었는데!"라는 반응을 보이며 원망을 살 수도

있습니다. 아이의 생각과 그 존재 자체를 존중하는 차원에서도, "아빠가 이렇게 들어줘도 될까?" 하고 아이의 의사를 묻는 것이 중요합니다.

시범을 보임으로써 방법을 알려주는 것도 좋습니다. 단, 이때는 보란 듯이 과시하며 지도하는 것이 아니라, 스스로 하고는 싶은데 잘되지 않아서 답답해하는 아이의 마음을 헤아려, 넌지시 요령을 알려주는 선에 머무는 것이 바람직합니다. 그러면 아이의 마음속에서 다시 의욕이 피어오를 것입니다.

1 긍정의 말

2 구체적인 말

3 부탁과 제안

4 인정의 말

5 전달의 말

핵심 **point**

☑ 아이의 의욕을 북돋우는 말을 하자
☑ 요령을 알려줄 때는 넌지시

낮 시간

토라지고 짜증을 낼 때

"언제까지 투덜거릴 거야!"

OK

"이게 안 돼서 속상했구나.
그럴 때는 '잘 안 돼서 속상해요'라고 말하면 돼."

감정을 수용하고 대변하는 것은 단기적으로도 장기적으로도 도움이 된다 ─────

먼저 아이의 감정을 수용한 후, "속상하구나" 하고 언어화해주세요. 이는 단기적으로는 안도감과 안정감을 주며, 언어 발달에도 도움이 됩니다. 또, 장기적으로는 아이가 자신의 감정을 인식하는 능력을 기르는 데에도

● 몬테소리 엄마의 대화법

도움이 됩니다. 우리 인간은 감정을 지닌 동물이기에, 앞으로 긴 인생을 살아가는 동안 자기 감정을 조절할 줄 알아야 합니다. 유아기에 감정을 언어화하여 지금 느끼는 감정이 무엇인지를 아는 것은 장기적인 관점에서 감정을 조절하는 힘을 기르는 데 도움이 됩니다.

핵심 point

☑ 아이가 느끼는 감정을 말로 표현해주자
☑ 감정을 언어화하면 감정 조절 능력을 기를 수 있다

낮 시간

"고맙습니다", "미안합니다"라는 말을 할 줄 모른다

"인사 안 하면 못써."

OK

"그럴 때는 '고맙습니다'라고 하는 거야. (아이와 함께) 고맙습니다!"

어떤 상황에서 어떻게 이야기하는지 알려주고 함께 말하자 ──

부모라면 누구나 아이가 예의범절을 갖춘 사람으로 성장하길 바랄 것입니다. 그래서 '가정교육을 제대로 해야 한다!'는 책임감을 느끼기도 합니다. 물론 다른 사람과 원만한 관계를 맺고 소통하기 위해서는 "고맙습니다", "미안합니다"라는 말 정도는 할 줄 알아야 하겠지요. 하지만 **스스로**

● 몬테소리 엄마의 대화법

말할 수 있게 되기까지는 시간이 필요합니다. 그러므로 인내심을 갖고 아이 스스로 말할 수 있도록 차근차근 도와줍시다.

첫 단계는 "그럴 때는 '미안해'라고 하는 거야" 하고, 어떤 상황에서 어떻게 이야기하는지를 알려주는 것입니다. 그 다음 어른이 시범을 보여주세요. 만약 아이가 쑥스러워한다면, "같이 말해볼까?" 하고 제안해 함께 발화해도 좋습니다.

이 책의 첫머리에서 이야기한 바와 같이, 아이는 환경 속에서 성장합니다. 거기에는 우리 어른도 '인적 환경'으로 포함됩니다. 어른이 일상 속에서 "고맙습니다", "미안합니다"라고 말할 때마다 아이는 그 어휘와 사용방법을 습득합니다. 아이를 상대로 말할 때뿐만 아니라, 상점의 점원, 택배기사, 남편, 아내 등 어른끼리 나누는 대화를 아이는 유심히 관찰하고 스펀지처럼 흡수합니다. 우리 어른은 아이에게 교재이자 본보기가 된다는 점을 기억합시다.

핵심 point

☑ **어른이 본보기가 되자**
☑ **아이가 쑥스러워할 때는 함께 발화해도 좋다**

● 몬테소리 엄마의 대화법

"어차피 안 된다"라며
새로운 일에 도전하지 않아요 (만 5세)

무언가 새로운 일에 도전할 때는 '할 수 있다'는 자신감과 자존감, 자기긍정감을 갖는 것이 중요합니다. 하지만 그것은 어느 날 갑자기 생겨나지 않습니다. 먼저 다른 누군가로부터 관심을 받는 경험이 필요합니다. 그래야 아이도 자기 이외의 다른 대상에 관심을 기울이게 됩니다. 실패를 두려워하지 않는 마음가짐도 중요합니다. 아이가 실패했을 때 만회할 기회를 주지 않으면, 그 경험은 '실패'로 남습니다. 하지만, "실패해도 괜찮다"는 말과 함께 실패를 만회하는 방법을 알려주고 다시 도전할 기회를 주면, 그것은 '성공 경험'으로 바뀌며 실패를 두려워하지 않는 마음을 얻게 될 것입니다. 때로는 어른도 새로운 일에 도전하며 실패하는 모습을 아이에게 보여줄 필요도 있습니다. 시행착오를 겪으며 부모와 아이가 함께 성장해 나가길 바랍니다.

낮 시간

해서는 안 되는 행동을 할 때

"지금 뭐 하는 거야!"
"그러면 안 되지!"

OK

"거기는 위험하니까 내려오세요.
내려옵시다~."

혼내고 화를 내서는 '왜 안 되는지'를 이해시킬 수 없다 ————

지금까지 반복해서 이야기한 것처럼, 혼내고 화를 내는 대신 '설명'해주세요. 바람직한 행동이 무엇인지를 '구체적'으로 알려주는 것이 중요합니다. 물론 아이가 위험한 상황이라면 당장 제지해야 하겠지만, 그렇지 않은 경우에 잘못된 행동을 그만두게 하고 싶을 때는 말 한마디로 아이를 제압하려 하지 말고 여러 번 되풀이해 이야기해주세요. 어른이 화를 내거나 혼을 내면, 아이는 '꾸중을 들었다'는 사실에 주목하며 두려움을 느끼게 됩니다.

호되게 꾸지람을 들으면 그 순간에는 잘못된 행동을 멈추겠지만, 어째서 그것이 잘못된 것인지, 어떤 행동으로 바꿔야 할지를 이해하지 못해서 결국 같은 행동을 되풀이하고 다시 꾸지람을 듣는 일이 반복됩니다. 그러므로 **어떻게 행동해야 하는지를 '구체적'으로 설명함으로써 아이가 이해를 바탕으로 행동할 수 있도록 도와주세요.**

우리가 대화를 통해 아이의 성장을 돕는 궁극적인 목표는 '착한 아이', '말을 잘 듣는 아이'로 키우기 위함이 아닙니다. 자립과 자율을 성취함으로써 아이 스스로 살아가는 힘을 기르게 하기 위함입니다. 그러므로 감정이 앞서 아이를 혼내고 싶어질 때는 멀리 내다보고 마음을 가다듬기 바랍니다.

핵심 point

☑ **혼내지 말고 설명하자**
☑ **감정이 앞설 때는 멀리 내다보고 마음을 가다듬자**

1 긍정의 말

2 구체적인 말

3 부탁과 제안

4 인정의 말

5 전달의 말

아이의 잘못된 행동을 고쳐주는 방법

숟가락을 일부러 떨어뜨릴 때

➡ "이건 숟가락이야. 주워서 식탁에 올려놓자."

그림책을 찢었을 때

➡ "이건 눈으로 보고 읽는 책이야.
엄마한테 주면 다시 붙여줄게."

부모의 물건을 마음대로 만질 때

➡ "그건 아빠 거니까 이리 주세요."

사람에게 물건을 던질 때

➡ (제지하며) "사람에게 물건을 던지면 안 돼.
함께 주우러 가자."

위험한 곳에서 뛰어다닐 때

➡ "여기서는 걷는 거야. 위험하니까 뛰면 안 돼."

낮 시간

아이를 칭찬하고 싶을 때

"대단하다! 훌륭해!"
"아주 잘했어! 천재! 최고!"

OK

"그림을 그렸구나! 커다랗게 그렸네!"
"끝까지 열심히 그리더구나!"

칭찬하는 말을 인정하는 말로 바꾸자 ─────────

아이가 열심히 노력했을 때, 무언가 성과를 보여줬을 때 칭찬을 해주고
는 싶은데, "참 잘했어요!"라는 말밖에 떠오르지 않나요? **아이가 기특하
고 자랑스럽더라도 과하게 치켜세우거나 비행기를 태울 필요는 없습니
다.** 이제부터는 칭찬하는 대신 인정해주세요. 이때의 포인트는 아이가 한

● 몬테소리 엄마의 대화법

행동, 노력 그리고 과정에 초점을 맞추는 것입니다.

"머리가 좋구나", "착하구나"라는 말로 인격, 재능, 결과를 칭찬받은 아이와 행동, 노력, 과정을 칭찬받은 아이는 실패를 받아들이는 태도가 다르다는 연구결과가 있습니다.

전자는 성과를 내지 못했을 때 자신의 인격이나 재능 때문에 실패했다고 느끼며, '어차피 노력해도 안 된다'라는 경직된 생각을 갖게 된다고 합니다. 반면, 후자는 "방법이 적절하지 않았구나. 다음에는 이렇게 해보자" 하며, '노력하면 할 수 있다'는 성장 지향 마인드를 갖게 됩니다. 그러므로 아이가 보여준 노력 그 자체를 인정하는 말을 해주는 것이 중요합니다.

핵심 point

☑ 행동, 노력, 과정에 초점을 맞추자
☑ 아이가 보여준 노력 그 자체를 인정하는 말을 해주자

● 몬테소리 엄마의 대화법

아이를 칭찬하는 방법

아이가 그림을 그리거나 무언가를 만들었을 때

➡ "여기를 테이프로 붙였구나."
"빨강, 노랑, 검정… 여러 가지 색으로 그렸네!"
"아빠를 유심히 관찰했구나. 머리 모양이 똑같네!"

아이가 밥을 잘 먹을 때

➡ "꼭꼭 씹어서 먹었네!"
"그릇이 반짝반짝하네! 생선이랑 채소도 다 먹었구나!"

아이가 열심히 노력했을 때

➡ "연습을 많이 했구나! 고생했어."
"팔을 열심히 저으며 달리더라!"

가족과 친구를 친절하게 대할 때

➡ "친구에게 양보하는 모습 멋있다."
"도와줘서 고마워! 덕분에 빨리 끝났어."

처음으로 스스로 해냈을 때

➡ "혼자서 옷을 갈아입었구나!"
"이야~ 혼자서도 자전거를 잘 타네! 그동안 연습한 보람이 있구나."
"글자 '가'라고 쓴 거야? 열심히 연습했구나!"

무언가 배울 때

[이럴 수 있다! 있다!]

- 언제 시작하고, 언제 그만두는 게 좋을지 고민된다
- 아이의 의욕이 저하됐을 때 어떻게 대응해야 할지 모르겠다
- 잘되지 않거나 연습이 귀찮아서 그만두고 싶어 한다

아이의 의지에 따라,
아이가 흥미를 느끼는 것을 배우게 하자

아이에게 무언가를 배우게 할 때는 '아이가 원하는 시점'에 시작하는 것이 좋습니다. 자신의 의지로 시작하더라도, 때로는 "안 갈 거야!"라며 어깃장을 놓을 때가 있을지도 모릅니다. 그럴 때는 잠은 잘 자는지, 식사는 잘 하는지, 어디 아픈 데는 없는지 등 아이의 컨디션을 먼저 확인한 후, 문제가 없다면, "오늘은 뭘 배우게 될까?" 하고 기대감을 자극하며 몇 차례 유도해주세요. 그래도 가지 않으려고 한다면 하루쯤 쉬어도 괜찮습니다. '무슨 일이 있어도 반드시 가야 한다'는 부담감은 내려놓아도 됩니다.

연습하기를 싫어하거나 배우기를 그만두고 싶어 할 때도 마찬가지입니다. **어른이 시켜서 하는 것은 의미가 없습니다. 어디까지나 아이의 의지에 따라, 아이가 흥미를 느끼고 관심을 보이는 것을 배우게 하는 것이 중요합니다.** 억지로 하게 한들 아이는 아무것도 배울 수 없습니다. 그러므로 아이가 연습하기를 싫어할 때는 "○○을/를 배워서 어떻게 되고 싶어?" 하고 배움의 목적과 목표를 생각해봄으로써 그것을 자신의 일로 받아들이도록 도와주세요.

또, 배우기를 그만두고 싶어할 때는 "○○○이/가 싫은 거야?" 하고 이유를 물은 후, "당분간 쉬다가 ○월부터 다시 갈까, 아니면 앞으로 ○번 더 가고 나서 그만둘까? 그것도 아니면, 지금 당장 그만두고 싶어?" 하고 선택지를 제시하는 것이 바람직합니다.

임신과 성에 대해 궁금해할 때

[이럴 수 있다! 있다!]

- "아기는 어디로 나와?"라고 묻는다
- 성기와 생리에 관심을 보이며 궁금해한다
- 언제쯤 성에 관해 이야기해주는 게 좋을지 고민된다

● 몬테소리 엄마의 대화법

아이가 궁금해할 때가 베스트 타이밍!

아이의 동생을 임신했을 때는 최대한 빨리 그 사실을 알려주세요. 아이는 엄마에게 일어난 변화를 민감하게 알아차립니다. 그러므로 초음파 사진 등을 보여주며 "지금 엄마 배 속에 작은 아기가 들어 있어" 하고 차분히 설명해주세요. 입덧으로 괴로울 때도, "아기가 잘 자라도록 엄마 몸이 최선을 다하고 있거든. 그래서 속이 울렁거릴 때도 있고, 졸음이 쏟아질 때도 있어" 하고 이야기해주세요.

그림책과 같은 시각 교재를 함께 보며 "엄마 배 속의 아기는 이렇게 생겼어" 하고 태아의 성장에 관해 설명해주는 것도 좋습니다.

"아기는 어디로 나와?", "아기는 어떻게 생겨?" 등 성에 관한 질문을 받았을 때도, 얼렁뚱땅 넘어가지 말고, "다리와 엉덩이 사이에 있는 구멍으로 나와", "제왕절개라는 수술로 아기를 꺼내는 경우도 있어", "아빠의 정자와 엄마의 난자라는 것이 만나서 아기가 만들어지는 거야" 하고 사실대로 이야기해주세요. 성기나 생리에 관해 궁금해할 때도 마찬가지입니다. 아이가 알고 싶어할 때가 베스트 타이밍이라는 점을 기억합시다.

아이의 자존감이 위축될 때

[이럴 수 있다! 있다!]

● "내가 밉지?", "나는 바보니까"라고 말한다

● 자신감이 떨어지면 자기를 폄하하곤 한다

● 자기 말을 들어주길 바라고, 위로받고 싶어 한다

아이에 대한 애정을 말로 표현해주자

"나는 바보같아" 하며 아이가 자기를 폄하할 때는, "아빠는 그렇게 생각하지 않아" 하고 아이의 말을 부정하거나, "무슨 일이 있어도 항상 너를 사랑해. 네가 얼마나 소중한데" 하고 아이에 대한 애정을 말로 표현해주세요. 무언가 결핍을 느끼거나, 누군가로부터 좋지 않은 말을 듣고 자신감이 떨어져서 마음에 없는 소리를 하고 있는지도 모릅니다. 그럴 때는 애정을 표현하는 말과 함께 꼭 안아주거나 등을 쓰다듬는 등 스킨십을 하는 것도 아이에게 큰 위로가 됩니다.

아이가 풀이 죽어서 "어차피 나는 못하니까", "내가 잘할 리 없으니까"라고 자기를 폄하할 때는, "잘하지 못해도 괜찮아. 엄마도 요리는 자신 있지만, 청소는 잘 못해. 달리기가 조금 느리면 어때? 너는 항상 멋진 그림을 그리잖아!" 하고 **부모 자신에 빗대어 이야기하며, '본래 사람은 잘하는 것이 있으면 못하는 것도 있는 법'이라는 사실을 일깨워주세요.**

아이가 자기 자신을 있는 그대로 받아들이고 사랑할 수 있도록 아이에 대한 조건 없는 사랑을 말로 표현해줍시다.

고집을 피우고 말대꾸 할 때

[이럴 수 있다! 있다!]

● 주의를 주면 도리어 화를 낸다

● 꼬박꼬박 말대꾸를 한다

● 못 들은 척하는 등 같은 방법으로 반항한다

일방적인 명령보다는 단계를 밟아 '부탁과 제안'을 하자

아이의 주의를 환기할 때는 '부탁과 제안'의 방법으로 아이를 존중하는 태도를 보이는 것이 중요합니다. 그래도 못 들은 척하거나, 모호하게 답하거나, 싫다고 고집을 피울 수도 있습니다. 그럴 때는 다음 단계를 밟아 대응해보세요.

① 일방적으로 명령하지 말고 '부탁과 제안'을 한다

"지금부터 목욕할 건데, 같이 할래?"

아이가 못 들은 척한다면 다음 단계로.

② 아이가 무언가에 집중하고 있지는 않은지 확인한 후, 아이의 시야로 들어간다

"○○아/야, 재미있게 놀고 있는데, 미안~. 슬슬 목욕 준비할까?"

"음…" 하고 대답을 얼버무린다면 다음 단계로.

③ 선택지를 제시해 스스로 결정하도록 한다

"놀이가 끝나면 목욕할까? 시계의 긴 바늘이 2와 3 중 어느 쪽을 가리킬 때까지 놀까?"

"싫어. 안 할 거야"라며 거부하면 다시 다음 단계로.

④ 마지막으로 언제까지 기다릴지 선언하고, 이유를 설명하며 부탁한다

"긴 바늘이 3을 가리킬 때까지만 기다릴 거야. 아빠가 도와주지 않으면 혼자서는 목욕할 수 없잖아. 그러니까 이제 장난감 정리하자."

이쯤 되면 큰소리를 내고 싶어질 만도 합니다. 하지만 어른이 감정적으로 대응하면 아이도 감정적으로 반응하게 되므로, '부탁과 제안'을 바탕으로 대화를 나눠보세요.

잠든 아이의 얼굴을 보며 낮에 한 말을 후회한다

당장 그만두지
못하는 마음을
모르는 것은 아니다

여러 번 말해도
듣지 않는 건
왜일까?

나도 모르게 버럭 소리를 지르게 된다

긴 하루를 보내고
아이도 어른도 피곤한
저녁 시간

집 밖에서 긴 하루를 보내고 돌아와
아이도 어른도 지칠 대로 지친 저녁 시간.
배가 고파서 혹은 졸음이 밀려와서 짜증을 내기도 하지요.
저녁 시간에 흔히 일어나는 상황에 어울리는 대화법을 살펴봅시다.

TV 방송이나 동영상을 더 보고 싶다며 떼를 쓴다

NG

"안 돼! 여기까지만 보기로 했잖아!"

OK

"여기까지만 보기로 약속했으니까,
이제 그만 보자."

미리 시청시간을 정하고, 그것을 환기시키자 ──────

아직 의지력이 충분히 발달하지 못한 영유아기에는 자기 의지로 재미있는 일을 그만두기가 매우 어렵습니다. 게다가 인간은 본능적으로 움직이는 대상에 주목하기 때문에 화면에서 눈을 떼기가 더욱 쉽지 않은 것이랍니다.

언뜻 보기에는 대단한 집중력을 발휘하고 있는 것 같지만, 실은 아직 의지력이 약해서 주의를 돌리지 못하고 빠져드는 측면이 더 큽니다.

그러므로 아이와 함께 미리 시청 시간을 정하고, 더 보고 싶다며 떼를 쓸 때는 약속을 상기시켜 주세요. 이때의 포인트는 "이제 그만 보자", "TV를 끄자", "태블릿 PC를 닫읍시다" 하고 '긍정형'으로 이야기하는 것입니다. 그래도 여전히 화면에서 눈을 떼지 못하고, 시청을 중단시키려고 하면 울며 화를 내는 때도 있을 것입니다. 그럴 때는 위와 같이 이야기한 후, TV를 끄고 리모컨을 치우거나 태블릿 PC를 회수하는 등 말뿐만 아니라 행동을 취할 필요도 있습니다.

이때 한 가지 **주의할 점은 행동하기 전에 미리 알려주는 것입니다.** "이제 시간이 됐으니까 태블릿 PC 가져간다", "아빠가 TV 전원을 끌게" 하고 예고한 후 행동하는 것이 좋습니다. 이미 약속된 일이라고 해서 느닷없이 화면을 꺼버리면 한층 더 격앙된 반응을 보일 수 있습니다. 먼저 이야기하고 행동하는 것이 아이를 존중하는 길이라는 점을 기억합시다.

핵심 point

☑ **영유아기는 재미있는 일을 그만두기 어려운 시기**
☑ **미리 약속하고 그것을 환기시키자**

● 몬테소리 엄마의 대화법

무엇이든 자기가 하겠다는 아이, 그렇게 하게 해도 될까요? (만 2세)

생후 1년 6개월 무렵부터 자아가 발달하기 시작하면서 무엇이든 자기가 하겠다고 고집을 피우는 모습을 보게 됩니다. 의욕이 뿜뿜 솟아오르는 만큼 다양한 경험을 하기에 최적의 시기이지요. 다만 아직 모든 일에 미숙한 탓에 실수가 잦으니, 이를 곁에서 지켜보는 어른은 매 순간 도와주고 싶은 충동을 느낄 것입니다. 그러나 미숙하기에, 실력을 키우고 싶어서 관심을 기울이는 것입니다. 이 시기에 맛본 성취감은 자신감과 자기긍정감으로 이어집니다. 시간상 여유가 있다면, 아이에게 최대한 많은 기회를 주고, 실수를 지적하기보다는 노력한 점을 인정해주세요. 시간상 도저히 여의치 않을 때는, "미안, 시간이 없으니까 조금만 도와줄게", "이렇게 하는 건 어떨까?" 하고 빠른 방법으로 유도해도 괜찮습니다.

저녁 시간

말을 듣지 않아서 겁을 주게 될 때

NG

"말 안 들으니까 버리고 가야겠다!"

OK

"이제 집에 갈 시간이니까 일어나자.
부탁해~!"

위협과 협박은 백해무익, '부탁과 제안'으로!

아이가 좀처럼 말을 듣지 않으면 으름장을 놓아서라도 말을 듣게 하고
싶은 마음이 들 것입니다. 그러나 위협과 협박은 백해무익하다는 점을 기
억합시다. 아이에게 바라는 행동을 구체적으로 반복해서 이야기해주세
요. 또, 일방적인 명령이나 위압적인 지시는 아이의 마음에 닿지 않으므

로, '부탁과 제안'의 형태로 바꿔 이야기하는 것이 좋습니다.

특히 시간상 여유가 없을 때는 겁을 줘서라도 아이를 움직이게 하고 싶은 충동이 더욱 강하게 들 것입니다. 하지만 **이런 식으로 목적을 달성하면, 그것이 우리 어른에게 '성공 경험'이 돼 그 강도와 빈도가 점점 더 높아집니다.** 좋지 않은 방법이라는 걸 알면서도, 인내력을 발휘하는 힘든 길보다는 겁을 주는 쉬운 길을 선택하게 되는 것입니다.

이는 당연히 아이에게도 좋지 않은 영향을 미칩니다. 무엇보다 '스스로 생각하고 행동하는 능력'을 기르는 데 방해가 됩니다. 무서워서 어쩔 수 없이 지시에 따를 뿐, 어째서 그렇게 행동해야 하는지 본질을 이해할 기회를 얻을 수 없기 때문입니다. 또, 원하는 바를 얻기 위해 상대를 위협하고 협박해도 괜찮다는 그릇된 가치관을 형성하게 돼, 친구를 대상으로 으름장을 놓는 모습을 보게 될지도 모릅니다. 그러므로 인내심을 발휘해 긍정적으로 '부탁과 제안'을 하는 대화를 실천하길 바랍니다.

핵심 point

☑ 행동의 본질을 이해할 기회를 주자
☑ 긍정적으로 부탁과 제안을 하자

● 몬테소리 엄마의 대화법

매사에 짜증나요,
출산 후 감정 조절이 되지 않아요 (만 2세, 3개월)

산후에는 아이를 지키기 위해 방어 본능이 강하게 작동합니다. 동생을 돌보는 데 끼어드는 큰아이는 물론, 때로는 남편마저 육아를 방해하는 존재로 느껴지기도 합니다. 하지만, 누가 잘못해서가 아니라, '원래 그런 시기'라는 점을 이해하면 마음이 조금은 가벼워질 것입니다. 이 시기에는 해가 떠 있는 시간은 물론 밤에도 잠을 설치며 젖을 주고 안아주는 등 육체적으로 매우 고단할 수밖에 없습니다. 몸이 힘들면 에너지가 체력을 유지하는 데 소모되기 때문에, 의지력을 발휘하는 데 필요한 에너지가 부족해져 감정 조절이 어려울 수 있습니다. 본인 스스로 '지금은 그런 시기'라는 점을 자각하는 동시에, 주위에서도 출산 직후의 엄마를 이해하고 도울 필요가 있습니다. 무엇보다 고귀한 생명을 낳고 소중히 보호하고 있는 자기 자신을 인정해주세요. 매 순간 최선을 다하고 있는 당신께 진심으로 박수를 보냅니다.

선생님으로부터 아이가 잘못했다는 말을 들었을 때

"선생님이 그러는데, 너 말 안 듣는다며!"

OK

"오늘도 재미있었어?"

아이의 이야기를 들어주는 것으로 충분하다 ────

선생님으로부터 우리 아이가 잘못을 저질렀다거나 문제가 있다는 이야기를 들으면, 더 큰 문제로 발전하기 전에 주의를 줘서 고쳐야 한다는 생각이 들지도 모릅니다. 하지만 "댁에서 자녀와 이야기를 나눠보세요"라는 말을 듣지 않는 한, 아이에게 주의를 주지 않아도 괜찮습니다.

물론 선생님과 인식을 함께하는 것도 중요하지만, 먼저 아이가 어떤 감정을 느끼며 지내는지 귀 기울여 듣고, 아이의 심리와 행동을 관찰할 필요가 있습니다. 그러므로 평소와 마찬가지로 "오늘도 재미있었어?"라고 질문해 아이가 자연스럽게 이야기를 꺼내놓을 수 있도록 도와주세요.

핵심 point

☑ 성급하게 아이에게 주의를 주지 말자
☑ 먼저 아이의 심리와 행동을 관찰하자

가족이나 친구에게
거친 말투를 사용한다

NG

"말버릇이 그게 뭐야?"
"그런 말 하는 거 아니야!"

OK

"그렇게 말하면 친구가 속상해하니까,
'이렇게 해줘', '하지 말아줘'라고 말하자."

"하지 마!"가 아니라, "하자!"라고 말하자

아이가 나쁜 말을 사용하거나 말투가 거칠다고 느껴질 때도 부정적으로 지적하지 말고 긍정적으로 설명해주는 것이 좋습니다.

"그런 말 하는 거 아니야!", "그렇게 말하면 사람들이 싫어해!" 하고 부정적으로 지적하기만 해서는 어떻게 말하는 것이 바람직한지 알 수 없습니다. 그러므로 "'하지 말라고!'가 아니라, '하지 말아줘'라고 말하면 돼" 하고 그때그때 적절한 표현 방법을 구체적으로 알려주세요.

또, "아빠를 친구라고 생각하고 말해볼래?" 하고 롤플레잉 형식을 빌려 놀이하듯 표현 방법을 연습하는 것도 효과적입니다.

핵심 point

☑ 어떻게 말하면 좋을지를 구체적으로 설명하자
☑ 아이와 함께 롤플레잉 형식으로 연습하는 것도 효과적

잘못하고 있는 점을 알려주고 싶을 때

NG

"그거 틀렸잖아. 그게 아니지!"

OK

(아이가 스스로 알아차릴 때까지 기다린다)
(결국 알아차리지 못하면) "이거 잘 봐봐. 어때?"

스스로 깨달을 때 '성공 경험'을 할 수 있다 ──────

몬테소리 교육에서는 스스로 문제점을 알아차리고 수정하는 '자기정정'을 중요하게 생각합니다. 스스로 알아차리고 정정할 때 비로소 배울 수 있으며, 실패로 끝나지 않는 '성공 경험'을 할 수 있기 때문입니다.

그러므로 직접적으로 "틀렸다"고 지적하지 않도록 합시다. 또, 아이가 스스로 알아차리기 전에 "이렇게 해야지!" 하며 정답을 알려주는 것도 자제해주세요. 아이가 스스로 알아차릴 때까지 기다리는 것이 이상적이지만, 때로는 그 전에 알려주고 싶을 때도 있지요. 그럴 때는 적어도 '알아차리기'만큼은 아이 스스로 할 수 있도록, 간접적으로 힌트를 주는 선에 머무르도록 합시다.

1 긍정의 말

2 구체적인 말

3 부탁과 제안

4 인정의 말

5 전달의 말

핵심 point

☑ 스스로 알아차릴 때까지 기다리자
☑ 간접적으로 힌트를 주는 선에 머무르자

행동이 느리고 멍하니 있을 때가 많다

NG

"빨리 안 하고 뭐 하고 있는 거야!"

OK

"이제 잘 시간이니까, 이를 닦자."

해야 할 행동을 구체적으로 이야기해주자 ————

아이도 어른과 마찬가지로 자기만의 속도가 있고 천성이 다릅니다. 그래서 바지런히 움직이는 아이가 있는가 하면, 느긋하게 행동하는 아이도 있습니다. 느긋한 성격의 아이에게도 지금까지 살펴본 것처럼 아이가 해야 할 행동을 구체적으로 이야기해주세요.

때로는 멍하니 앉아 있는 아이 곁에서 함께 느긋한 시간을 보내는 것도 좋습니다. 이때 "시계 바늘이 움직이는 소리가 잘 들리는구나" 하고 떠오르는 감상을 아이와 함께 나누면, 아이의 마음을 더욱 깊이 이해하고 가까이 다가갈 수 있을 것입니다.

1 긍정의 말

2 구체적인 말

3 부탁과 제안

4 인정의 말

5 전달의 말

핵심 point

☑ 해야 할 행동을 구체적으로 알려주자
☑ 때로는 아이와 함께 느긋한 시간을 보내자

장난감을 어질러놓고 치우지 않는다

"다 놀았으면 치워야지!"

OK

"그 장난감은 여기에 넣자.
좀 가져다줄래?" "뭐부터 치울까?"

'부탁과 제안'의 형식으로 구체적으로 이야기하자 ────

이때도 해야 할 일을 구체적으로 알려주는 한편, '부탁과 제안'의 형식으로 이야기할 때 아이에게 더욱 잘 전달됩니다.

또, "뭐부터 치울까?", "혼자서도 할 수 있어? 아니면, 엄마가 도와줄까?" 하고 선택지를 제시해 스스로 결정하도록 돕는 것도 좋습니다.

그래도 아이가 장난감을 치우지 않을 때는, "엄마는 이걸 상자에 넣을게. ○○(이)는 뭘 넣을래?"라고 말하며 함께 정리해도 괜찮습니다. 만약 아이가 "나중에 할래"라고 말한다면, "나중에 언제 할까?" 하고 구체적인 시점을 정하는 것이 바람직합니다.

핵심 point

☑ 장난감을 정리하도록 부탁과 제안을 하자
☑ 언제 정리할지, 시점을 정하자

코를 후비거나 손톱을 깨문다

NG

"더러우니까 그만해!"

OK

"휴지로 코를 닦아볼까?" "손 좀 보여줄래?"

무의식적으로 하는 행동이므로 과민하게 반응하지 말자 ———

아이들은 안도감을 얻기 위해 또는 별 의미 없이 무의식적으로 특정 행동을 반복하는 경우가 있습니다. 그러므로 너무 예민하게 받아들여 매번 주의를 주지 않도록 합시다.

"휴지로 코를 닦아볼까?" 하고 대안을 제시하거나, "손 좀 보여줄래?"

160 　　　　　　　　　　　　● 몬테소리 엄마의 대화법

하고 다른 행동으로 주의를 돌리게 함으로써 자연스럽게 문제 행동을 멈추게 하는 것이 좋습니다.

'당장 고쳐야 한다!'라고 생각하면 주의를 주는 빈도가 늘어날 수밖에 없으므로, 문제 행동이 서서히 줄어들기를 기다린다는 마음가짐으로, 아이가 손을 이용한 활동에 집중할 수 있는 기회를 제공해주세요.

핵심 point

☑ 문제 행동이 자연스럽게 줄어들도록 유도하자
☑ 손을 이용한 활동의 기회를 늘리자

하지 말라는 행동을 오히려 더 한다

NG

"하지 말라는데, 왜 더 때리고 그래?"

OK

"그러면 안 돼.
보여주고 싶을 때는 '이것 봐' 하고 말하는 거야."

옳고 그름을 구별할 수 있도록 알려주자 ————

아이에게 하지 말라고 주의를 주면 오히려 그 행동을 더 자주 하거나 심하게 하는 모습을 보일 때가 있습니다. 그러면 머리가 지끈지끈 아파 오지요. 이때는 "그건 해서는 안 되는 행동이야" 하고 옳고 그름을 구별하도록 일깨워주고, 어떻게 행동하면 좋을지를 구체적이고 반복적으로 설명해주세요.

하지만, 졸음이 쏟아지거나 배가 고플 때는 그렇지 않아도 미숙한 의지력이 바닥을 드러내며 행동을 제어하지 못할 수도 있습니다. 그럴 때는 맞대응을 하기보다는, "자, 함께 목욕할까?" 하고 화제를 전환해보세요. 일시적으로 보이는 문제 행동에 과민하게 반응하지 말고 분위기를 전환하는 것이 포인트입니다.

핵심 point

☑ 옳고 그름을 구별하도록 알려주고, 구체적으로 이야기하자

☑ 필요 이상으로 반응하지 말고 분위기를 전환하자

식사예절에 어긋나는 행동을 한다

> "팔꿈치 짚지 말라고 했지!"
> "밥그릇을 잘 잡고 먹어야지!"

OK

> "잘 봐. (어른이 시범을 보이며) 이렇게 먹는 거야."

추상적으로 지적하지 말고 구체적으로 설명하자 ─────

아이가 식사예절에 어긋나는 행동을 할 때도, 잘못된 점을 지적하기만 하거나 '제대로', '잘'과 같이 추상적인 표현을 사용하기보다는, 긍정형으로 구체적으로 설명해줍시다. 이와 함께 "젓가락질은 이렇게 하는 거야" 하며 시범을 보이면 아이는 더 잘 이해할 수 있을 것입니다.

무엇보다 어른이 바르게 앉아 예절에 맞게 식사하는 모습을 보여주는 것이 중요합니다. 아이는 어른을 보고 배운다는 점을 잊지맙시다.

핵심 point

☑ **긍정형으로, 구체적으로 설명하자**

☑ **어른이 먼저 모범을 보이자**

놀이에 빠져서 불러도 대답이 없을 때

NG

"부르면 대답을 해야지!"

"○○아/야, 그림책 읽고 있는데,
미안해! 잠깐 이야기 좀 할까?"

말을 걸어도 되는 타이밍인지 확인하자 ────

아이가 무언가 재미있는 일에 푹 빠져 있으면 아무리 불러도 대답이 없을 때가 있지요. 이때 가장 먼저 살펴야 할 것은 '아이가 이야기를 들을 준비가 돼 있는가 아닌가'입니다. 아이가 무언가에 몰두하고 있을 때는 들을 준비가 돼 있지 않기 때문에 아이를 부르거나 말을 걸어도 반응이 없는 것입니다.

당장 급한 일이 아닌 한, 아이가 놀이나 활동에 집중하고 있을 때는 되도록 말을 걸지 않는 것이 좋습니다. 무언가에 몰두할 때 아이는 만족감, 성취감, 유능감, 자신감 등을 기를 수 있습니다. 그러므로 집중을 유지하도록 배려해주세요. 단, 영유아기에는 능동적으로 몸을 움직이는 것이 중요하므로, TV나 동영상을 시청하는 시간은 예외입니다.

아이가 무언가에 집중하고 있지 않더라도, 말을 걸 때는 "○○아/야, 잠깐 이야기 좀 할까?" 하고 본론을 꺼내기 전에 쿠션언어를 넣어주세요. 이렇게 아이의 주의를 환기시키면 들을 준비를 할 수 있어서 하고자 하는 말이 잘 전달될 것입니다.

만약 쿠션언어조차 듣지 못한다면, 아이의 시야로 들어가거나 아이의 몸을 가볍게 만지며 말을 거는 것도 효과적입니다.

핵심 point

☑ 집중하고 있을 때는 되도록 말을 걸지 말자
☑ 본론으로 들어가기 전에 쿠션언어를 넣자

● 몬테소리 엄마의 대화법

··· 고민상담실 10 ···

몬테소리 대화법을 실천하고 싶은데, 잘되지 않습니다 (만 5세, 1세)

아이와 대화하는 방법을 공부하고 나면, '아이의 말을 수용하고 인정하자' 하며 공부한 내용을 실천하기로 다짐하곤 하지요. 그런데, '무엇을 해야 하는가' 못지않게 '무엇을 하지 말아야 하는가' 또한 중요하다는 사실을 알고 있나요?

몬테소리 교육에서는 "혼내지 말고, 아이가 해야 할 행동이 무엇인지 알려주자", "아이가 스스로 깨달을 때까지 지켜보자"라고 이야기합니다. 이때 '알려주고, 지켜보는 것' 만큼이나 방점을 두어야 하는 것이 '감정적으로 대응하지 않고, 참견하지 않는다'입니다. '하지 말아야 할 일'을 하지 않으면, '해야 할 일'이 무엇인지 자연히 알게 될 것입니다.

대답하기 어려운 질문을 받았을 때

> "(저 할머니는 왜 뚱뚱해?)"
> "음…, 그게 말이지…. 그러니까…."

OK

> "아빠도 이유는 모르지만,
> 키가 큰 사람이 있는가 하면 작은 사람이 있듯이,
> 뚱뚱한 사람도 있고 날씬한 사람도 있는 거야."

가능한 한 사실대로 설명하자

아이로부터 대답하기 어려운 질문을 받으면 말문이 막혀서 아무 말도 못 하거나 어물쩍 넘길 때가 있지요. 하지만 어려운 질문에도 최대한 성실하게 대답하는 것이 좋습니다.

아이는 일상생활 속에서 여러 궁금증을 품게 됩니다. 그때마다 부모나 어른에게 질문을 던져 궁금증을 해소하고 다양한 지식을 습득함으로써 환경에 적응해 나갑니다. 그러므로 얼버무리지 말고 가능한 한 사실 그대로 설명하길 바랍니다.

이를 통해 아이는 가치관과 사고방식의 다양성, 타인을 인정하는 방법, 사회 규칙 등을 배우게 됩니다. 그 자리에서 바로 대답하기 어려울 때는 "집에 가서 이야기해줄게" 하고 일단 대답을 보류한 후, 집에 돌아가면 약속대로 설명해주세요.

만약 아이의 말이 상대에게 실례가 됐을 때는, 집에 돌아와 질문에 대답한 후, "그런데, '왜 뚱뚱해?'라는 말을 들으면 그 할머니는 너무 속상할 거야. 그러니까 지금처럼 집에 와서 엄마나 아빠한테 물어보도록 하자" 하고 상대를 배려하는 태도도 함께 가르쳐주세요.

핵심 point

☑ 즉시 대답하기 어려울 때는 대답을 미뤄도 좋다
☑ 상대를 배려하는 방법도 알려주자

● 몬테소리 엄마의 대화법

아이 앞에서 부부싸움을 하면 안 되나요? (만 3세)

아이의 성장을 돕는 과정에서는 육아뿐만 아니라 배우자와의 관계에서도 고민이 끊이지 않지요. 아이 앞에서 부부싸움을 하는 것이 반드시 나쁜 것만은 아닙니다. 단, 상대를 지나치게 비방하거나 물리적·언어적 폭력이 발생한다면 문제입니다. 이 점은 아이 앞에서는 물론, 아이가 보지 않는 자리에서도 반드시 개선이 필요합니다.

부부가 부득이하게 아이 앞에서 충돌하게 됐다면 의견 교환 차원의 건설적인 논의를 하길 바랍니다. 상대의 잘못을 비난하는 것이 아니라, 서로 힘들어하고 있는 점에 관해 의견을 교환하고, 어떻게 하면 문제를 해결할 수 있을지 방법을 찾는 것입니다. 이런 논의라면, 아이 또한 자기 의견을 말하는 방법, 상대의 생각을 받아들이는 방법, 문제를 해결하는 방법 등을 보고 배울 수 있을 것입니다.

거짓말이 뻔히 보일 때

[이럴 수 있다! 있다!]

- 하지 않은 것을 뻔히 알고 있는데, "했다"고 말한다
- 없는 일을 마치 있는 일인 양 이야기한다
- 거짓말이 점점 불어나지는 않을까 걱정된다

덮어놓고 의심하지 말고, 일단 수용하자

아이가 '양치기 소년'이 되지 않길 바라는 마음에 '애초에 싹을 잘라야 한다!'고 생각할 수도 있습니다. 하지만, 진실인지 거짓인지 불분명할 때는 "거짓말이지!"라며 덮어놓고 의심하지 않도록 주의합시다. 이때는 "그렇구나. 알았어" 하고 아이의 말을 있는 그대로 받아들여도 괜찮습니다.

아이의 말이 거짓임이 분명할 때도, "그래, 손을 씻었다는 말이구나" 하고 일단 수용한 후, "그런데 엄마는 네가 손을 씻지 않았다는 걸 알고 있어. 밥 먹기 전에는 손을 씻어야 하니까, 함께 씻으러 가자" 하고 거짓임을 알고 있다는 사실을 알리고, 바른 행동을 할 수 있도록 도와주세요.

또, 무언가를 숨기고 있는 듯한 분위기를 풍길 때도 있지요. 그럴 때는 "아빠는 진실이 무엇인지 알고 싶어. ○○(이)가 알고 있는 것을 이야기해줄래?" 하고 **아이가 마음 놓고 이야기할 수 있는 분위기를 만들어주세요.**

그리하여 아이가 거짓을 털어놓는다면, 탓하거나 혼내지 말고, "사실대로 말해줘서 고마워. 앞으로도 숨기거나 꾸미지 말고 이야기해줘" 하고 약속하는 것이 바람직합니다.

형제자매가 싸울 때

[이럴 수 있다! 있다!]

● 아이 중 하나가 상대를 탓하며 이르러 온다

● 상황을 직접 보지 못해서 어떻게 말해야 할지 모르겠다

● 큰아이에게 양보를 요구할 때가 많다

각자의 주장에 귀를 기울이고,
문제 해결 방법을 제안하자

형제 간에 다툼이 생겼을 때는 나이나 서열이 아닌 '상황'을 보고 판단하는 것이 중요합니다. "형이니까 빌려줘야지"라며 큰아이에게만 양보를 요구하는 것이 아니라, 상황에 맞게 공평하게 판단해야 합니다.

그런데, 느닷없이 아이 중 하나가 울기 시작하거나 이르러 올 때가 있지요. 이렇게 상황을 직접 보지 못했을 때는 판단이 서지 않아서 어떻게 이야기해줘야 할지 망설이게 됩니다. 그럴 때는 "미안해. 지금 음식을 만드느라 보지 못해서 잘 모르겠어" 하고 솔직히 이야기한 후, 아이들에게 어떻게 된 일인지 물어보세요. 이야기를 들어도 판단이 서지 않을 때는, "~때문에 속상했구나" 하고 **양쪽의 주장을 수용한 후 각각의 마음을 헤아려주세요.** 그런 다음, "그러면 이렇게 하면 어떨까?" 하고 문제를 해결할 방법을 제안하면 됩니다.

한편 "ㅇㅇ(이)가 나빴어!" 하고 어느 한쪽이 잘못했다고 주장하는 경우도 있지요. 그럴 때는 "그랬구나. ㅇㅇ(이)가 먼저 장난감을 가져갔구나" 하고 아이가 한 말을 되풀이함으로써 아이의 감정을 수용해주세요.

아이들은 갈등을 경험하며 사회 구성원으로 살아가는 방법을 배웁니다. 그러므로 무조건 갈등을 회피하려 하기보다는, 서로 기분 좋게 생활할 수 있도록 규칙을 정하고 상황에 맞춰 공평하게 대하는 것이 중요합니다.

여러 번 말해도 듣지 않을 때

[이럴 수 있다! 있다!]

● 어제까지 잘하던 일도 오늘은 하지 못한다

● 매번 같은 말을 반복하려니 짜증이 난다

● "도대체 몇 번을 말해야 알아들어!"라고 핀잔을 주게 된다

아이가 발달 과정에 있음을 기억하고,
몇 번이고 반복해서 이야기해주자

아이는 지금 한창 자아를 형성하며 환경에 적응하고 사회 규칙을 배우고 있습니다. 그러므로 아이가 충분히 경험할 수 있도록 여러 번 반복해서 이야기해줄 필요가 있습니다. "도대체 몇 번을 말해야 알아듣니?"라고 핀잔을 주고 싶은 마음도 들겠지만, **백 번이고 천 번이고 아이가 해야 할 행동을 구체적으로 알려줘야 합니다.**

포인트는 명령하듯 말하는 것이 아니라, '부탁과 제안'의 형식으로, 추상적인 표현을 피하고 구체적으로 이야기하는 것입니다. 아이의 행동이 하루아침에 달라진다면 바랄 나위가 없겠지만, 자기제어능력, 의지력, 실행력 등 여러 능력이 아직 발달 중에 있는 만큼, 아이의 발달단계에 맞는 기대치를 가지고 아이를 이해할 필요가 있습니다.

또, 어째서 그런 행동을 하면 안 되는지, 어째서 이런 행동을 해야 하는지, 이유를 설명하는 것도 중요합니다. 우리 어른도 영문을 모르면 어리둥절하지만, 이유를 알고 그것이 납득이 되면 자발적으로 행동하게 되지요. 그러므로 아이가 이해할 수 있는 쉬운 말로 이유를 설명해주세요. 이미 이유를 설명해서 아이가 이해하고 있다고 생각될 때는, "왜 그렇게 하면 안 되는 것 같아?" 하고 질문해 스스로 생각할 시간을 주는 것도 좋습니다. 어른에게 큰 인내심이 요구되는 시기지만, 그 노력이 아이가 사회에 적응하고 '자립과 자율'을 성취하며 스스로 살아가는 힘을 기르는 데 도움이 될 것입니다.

바빠서 아이의 말을 들어주지 못할 때

[이럴 수 있다! 있다!]

● 유독 바쁠 때만 말을 걸어온다

● 말을 들어주지 못하면 침울한 표정을 짓는다

● "잠깐만 기다려"라는 말이 습관이 됐다

때로는 차분히 들어주는 시간을 갖자

마음 같아서는 항상 아이의 이야기에 귀를 기울이고 싶지만, 바쁜 일상에 쫓기다 보면 "잠깐만 기다려", "지금은 안 돼" 하며 나중으로 미루거나 거절할 때가 많을 것입니다. 그럴 때는 "지금은 바빠서 안 돼"라고 잘라 말하는 대신, "엄마도 이야기를 들어주고 싶지만, 지금은 차분히 듣기가 어려워. 음식을 다 만들고 나서 들어도 될까?" 하고 질문하거나, "지금은 동생 기저귀를 갈아줘야 해. 다 갈고 나서 이야기 들으러 갈게" 하고 설명하는 것이 좋습니다. 아이가 잘 기다려줬다면, "고마워. 항상 기다려주는 거 알고 있어" 하고 **아이의 행동을 인정하고 고마움을 표시해주세요.**

한편, 주말이나 휴일처럼 여유가 있을 때는 잠시 하던 일을 멈추고 차분히 앉아 아이의 이야기를 들어주세요. 때로는 작은 아이를 돌보는 일보다 큰 아이와 마주하는 것을 우선시할 필요도 있습니다. 의식하지 않으면 습관적으로 "잠깐만 기다려"라는 말이 튀어나오기 쉬우므로, 하루를 시작하기 전에 "오늘은 '기다려'라는 말을 하지 않겠다" 하고 선언하는 것도 하나의 방법입니다.

크게 화를 내고 후회될 때

[이럴 수 있다! 있다!]

● 나도 모르게 불같이 화를 내곤 한다

● 아이가 말을 듣지 않으면 정색하게 된다

● 아이의 잠든 얼굴을 보며 화낸 것을 후회한다

후회되는 마음을 솔직하게 털어놓자

아이를 혼내고 나서 '너무 심하게 화낸 것 아닐까?' 하고 후회하거나, '앞으로는 그러지 말아야겠다'고 다짐한 적이 있을 것입니다. 아이와 함께 생활하다 보면 감정 조절이 되지 않아 화를 참지 못할 때도 있지요. 또, 바쁜 나날을 보내다 보면 마음에 여유가 없어서 말이 곱게 나오지 않을 때도 있습니다.

부모라고 해서 완벽할 수는 없으며, 완벽을 지향할 필요도 없습니다. 하지만, 아이들이 부모와의 관계에서 지대한 영향을 받는 것 또한 무시할 수 없는 사실입니다. 그러므로, 화를 심하게 내서 후회가 될 때는 그 마음을 솔직하게 이야기해주세요. "엄마 마음은 그게 아니었는데, 화내서 미안해. '~ 하자' 하고 좋게 이야기했으면 좋았을 텐데", "미안해. 너무 바빠서 여유가 없었나 봐. 앞으로는 화내지 않고 이야기할게" 하고 자기의 심정을 있는 그대로 전해보세요.

그러면 아이는 사과하는 법, 상대를 배려하는 법, 어른도 실수할 수 있다는 사실, 실수했을 때 대처하는 법 등 많은 것을 배우게 될 것입니다.

무슨 일이 있었는지 말해주지 않을 때

[이럴 수 있다! 있다!]

● 유치원에 다녀온 후로 어쩐지 기운이 없다

● 하고 싶은 말이 있는 것 같은데, 입을 열지 않는다

● 무슨 일이 있었는지 캐묻게 된다

스스로 이야기할 때까지 기다리자

아이의 얼굴만 봐도 무언가 좋지 않은 일이나 속상한 일이 있었을 것으로 짐작될 때가 있습니다. 그런데 아이가 아무 말 없이 입을 꾹 다물고 있으면 가슴이 답답해시지요. 하지만 그런 때일수록 조바심을 내지 말고, 아이가 좋아하는 음료수를 함께 마시거나, 산책을 하거나, 목욕을 하는 등 느긋한 시간을 보내며 스스로 말을 꺼낼 때까지 기다려주세요. 이야기할 준비가 되지 않은 상태에서 불쑥 "무슨 일 있었어?"라는 질문을 받으면 오히려 말이 나오지 않습니다. 이때는 "엄마는 오늘 이런 일이 있었어" 하고 **부모가 먼저 자기 이야기를 꺼냄으로써 대화를 유도하는 것이 도움이 됩니다.**

또, "오늘 유치원 어땠어?" 하고 '열린 질문'을 던지면 대답하기 어려우므로, "오늘 유치원 재미있었어?"처럼 YES/NO로 답할 수 있는 '닫힌 질문'으로 바꿔보세요. 그래도 아이가 말을 하지 않는다면, 더는 묻지 말고 조금 더 기다려주세요.

아이가 이야기를 시작했을 때는, 자기 페이스로 이야기할 수 있도록, 질문을 연발하지 말고 적절히 호응하며 차분히 귀를 기울이는 것이 중요합니다. 그런 다음, "이야기 들려줘서 고마워" 하고 고마움을 표시하는 것도 잊지 맙시다.

책을 끝까지 읽어주셔서 감사합니다. 여러분의 '대화법 바꾸기' 여정은 어땠나요?

우리가 매일 사용하는 말의 대부분은 깊은 고민 없이 거의 무의식적으로 흘러나오는 경우가 많은 것 같습니다. 하지만 이 책을 읽고 난 후 자기가 하는 말을 의식하는 시간이 조금은 늘어난 것 같지 않나요? 자신뿐만 아니라 다른 사람이 하는 말에도 주의를 기울이게 됐을지도 모르겠습니다. 말이 뭐 별거냐고 생각할 수도 있지만, 절대 가볍게 여길 수 없습니다.

영국 최초의 여성 총리 마거릿 대처는 이런 말을 남겼습니다.

"생각은 말이 되고, 말은 행동이 되고, 행동은 습관이 되고, 습관은 인격이 되며, 인격은 운명이 된다."

어떻게 생각하느냐에 따라 하는 말도 달라집니다.

신중하게 할 말을 고르고 대화법을 달리한다 하더라도, 아이에게 당장 변화가 나타나지 않을 수도 있습니다. 본래 육아라는 것은 20년 후 또는 30년 후에 비로소 결과가 나타나기 마련입니다.

아직 싹을 틔우지 않은 알뿌리에 열심히 물을 주고 있는 단계라고 할 수 있습니다. 어느 시점에 어떤 꽃이 필지는 아무도 알 수 없습니다. 하지만 언젠가는 싹을 틔우리라는 것을 알기에, 우리는 사랑과 정성으로 돌보고 보살핍니다.

육아도 이와 같습니다. 조급해하지 말고, 아이에게 좋은 말을 하고 좋은 관계를 형성하기 위해 꾸준히 노력해야 합니다. 여러분의 그 같은 노력은, 지금 당장 눈에 보이는 성과로 이어지지 않는다 하더라도, 결과적으로 아이의 성장을 뒷받침하는 자양분이 될 것입니다.

아이의 성장을 돕기 위해서는 먼저 우리 어른이 채워져야 합니다. 스스로 자기의 마음을 채우기 위해서라도, 오늘도 수고한 나 자신에게 "고생했어. 잘하고 있어"라고 말하며 인정해주세요! 아이뿐만 아니라, 자기 자신 또한 소중히 여기고 존중해야 합니다.

여러분의 여정을 진심으로 응원합니다!

이 책이 세상에 나올 수 있었던 것은 편집자 가쓰라다 사키 님, 편집을 도와주신 혼마 아야 님, 출판사 다카라지마사 관계자 여러분 덕분입니다. 고맙습니다.

늘 저를 응원해주시는 온라인 커뮤니티 〈Park〉 회원 여러분 그리고 팔로워 여러분, 이 책은 그간 여러분께서 보내주신 상담과 질문을 바탕으로 만들어졌습니다. 항상 감사드립니다.

나를 엄마로 만들어 주고 조건 없이 사랑해주며 많은 것을 배우게 해주는 귀하고 귀한 우리 딸들. 어떤 순간에도 조건 없는 믿음을 보내며 함께 걸어주는 나의 남편. 소중한 생명이 자라나는 고귀함과 스스로 성장하는 능력의 위대함을 부모로서 매 순간 지켜볼 수 있음에, 그대들과 함께 성장할 수 있음에 감사드립니다. 덕분에 무엇과도 바꿀 수 없는 기쁨과 행복을 느끼며 살아가고 있습니다.

정말로 고맙습니다.

미래를 만들어나갈 아이들의 진정한 행복을 바라며

몬테소리 교사 아키에

- 『よろこびの中に生きるモンテッソーリ教育』(学苑社)
- 『3000万語の格差_赤ちゃんの脳をつくる親と保育者の話しかけ』(明石書店)
- 『マインドセット「やればできる」の研究』(草思社)
- Mueller, C. M., & Dweck, C. S. (1998). Praise for intelligence can undermine children's motivation and performance.

— WORK SHEET —

 아이에게 통하는 엄마의 대화법

부모를 위한 실천노트

이 책의 내용을 실천하기 위한 워크시트입니다.

"귀찮게 굳이 써야 하나?"라고 느껴질지도 모르겠지만,

꼭 한번 시도해보세요!

글로 적어보면, 자기 자신과 아이를 마주하는 방법이

더욱 구체적으로 그려지며 머릿속에 드리워져 있던 안개가

말끔히 걷히는 경험을 하게 될 것입니다.

한 번으로 그치지 말고, 여러 번 되풀이하기를 추천합니다.

✳ 워크 시트 사용법 ✳

[STEP 1] 내가 좋아하는 일을 적어보자!

자기가 좋아하는 일을 적어봅시다.

무슨 일이든 아이와 함께하다 보면,

행동에 제약이 따를 때가 많을 것입니다.

하지만 종이에는 무엇이든 마음대로 적을 수 있습니다!

일단 글로 적으면 실천하기가 조금은 더 쉬워질 것입니다.

[STEP 2] 아이와 어떤 관계를 형성하고 싶은가?

평소 잘 실천하고 있는 것이든,

마음은 있지만 실천하지 못하고 있는 것이든, 모두 OK!

'아이와 이런 관계를 맺고 싶다'

'아이와 이런 대화를 나누고 싶다' 등등

막연히 생각만 하던 내용을 모두 적어보세요.

[STEP 3] Keep Problem Try를 적어보자!

KPT는 Keep Problem Try의 약어로,

주로 비즈니스 영역에서 사용되는 '돌아보기 방법'입니다.

Keep = 현재 성과를 내고 있어서 지속하고 싶은 것

Problem = 문제 해결 또는 개선이 필요한 과제

Try = Problem에 대한 대책으로써 시도하고 싶은 일

하루를 돌아보고 KPT를 적어보면

'무엇을 해야 할지'가 더욱 명확해질 것입니다.

● 몬테소리 엄마의 대화법

[STEP 1] 내가 좋아하는 일을 적어보자!

배우기, 놀기, 쉬기… 좋아하는 일이라면 무엇이든 좋으니, 자유롭게 적어보세요!

좋아하는 책 읽기

혼자 미술관 가기

느긋하게 반신욕 하기

꽃으로 집 장식하기

맛있는 커피 마시기

친구와 수다 떨기

지금 가장 하고 싶은 일은 이것!

좋아하는 책을 읽는 것

그것을 위해 준비해야 할 것은?

- 읽고 싶었던 책을 사둔다
- 휴일 오후 남편에게 아이들을 부탁한다
- 카페에 간다

그림도 글도 OK! 떠오르는 것을 적어보자

실행하고 느낀 점

실행일 4월 10일 (일요일)

- 그동안 꼭 읽어보고 싶었던 책을 읽을 수 있어서 정말 기분이 좋았다
- 오랜만에 여유로운 시간을 보내며 나만을 위한 시간의 중요성을 새삼 느꼈다

[STEP 1] 내가 좋아하는 일을 적어보자!

배우기, 놀기, 쉬기… 좋아하는 일이라면 무엇이든 좋으니, 자유롭게 적어보세요!

지금 가장 하고
싶은 일은 이것!

그것을 위해 준비해야 할 것은?

● 몬테소리 엄마의 대화법

실행일   월   일 (요일)

그림도 글도 OK!
떠오르는 것을
적어보자

실행하고 느낀 점

[STEP 2] 아이를 대할 때 유의하고 싶은 점을 적어보자!

'아이의 의사를 존중하자'처럼 실천하고 싶은 점은 물론,
'화내지 말자'처럼 하지 말아야 할 일에도 초점을 맞춰보세요.

하나라도
OK

예를 들면!

• 부정형 문장을 사용하지 않는다

• "잠깐만 기다려"라고 말하지 않는다

•

•

•

•

•

● 몬테소리 엄마의 대화법

[STEP 3] **Keep Problem Try**를 적어보자!

하루를 마무리하며 그날의 Keep Problem Try를 적어봅시다.

예를 들면!

1 day 3/12

K 긍정형 문장으로 말하려고 노력했다

P 나도 모르게 순간적으로 "하지 마"라고 말했다

T 부정형으로 말하기 전에 '어떻게 해야 하는지'를 설명하자

2 day 3/13

K "거기에서 내려와!"라고 말하고 싶은 것을 참았다

P 특별히 없는 것 같다

T 오늘처럼 '어떻게 해야 하는지'를 꾸준히 설명하자

3 day 3/14

K 오전에는 긍정형으로 말하기를 잘 실천했다

P 아이가 졸렸는지 칭얼대기 시작하자 나도 모르게 부정적인 말이 나왔다

T 아침에 일어나서 유치원에 가기 전까지라도 긍정형으로 말하려고 노력해야겠다

1 week의 **K P T**를 적어보자!

만족한 점   과제   향후 대책

1 day   /

Keep
___

Problem
___

Try
___

2 day   /

Keep
___

Problem
___

Try
___

3 day   /

Keep
___

Problem
___

Try
___

● 몬테소리 엄마의 대화법

4 day /

K_{eep}

P_{roblem}

T_{ry}

5 day /

K_{eep}

P_{roblem}

T_{ry}

6 day /

K_{eep}

P_{roblem}

T_{ry}

7 day /

K_{eep}

P_{roblem}

T_{ry}

아이에게 통하는 엄마의 대화법

"이럴 땐 어떻게 말해야 할까?"

지금까지 별 생각 없이 해왔던 말들…

이 책을 읽은 후 조금이라도 변화가 있었길 바랍니다.

책의 내용을 생각하며,

다음과 같은 상황에서는 어떻게 말하면 좋을지 적어봅시다.

정답은 없습니다만, 빈칸을 채운 후 대화법의 예시를 참고해주세요.

상황1 발표회에서 최선을 다했을 때

상황2 허락 없이 어른의 지갑을 만질 때

상황3 밥그릇을 떨어뜨리거나 국그릇을 엎었을 때

상황4 지하철에서 큰 소리로 떠들 때

● 몬테소리 엄마의 대화법

상황5 아무리 타일러도 집에 가려고 하지 않을 때

상황6 시키지도 않았는데 방을 정리했을 때

상황7 수줍어서 말을 하려 하지 않을 때

상황8 친구로부터 미움을 받았다는 말을 들었을 때

상황9 식탁에 앉아 있는 자세가 신경 쓰일 때

상황10 나도 모르게 아이에게 짜증을 냈을 때

● 몬테소리 엄마의 대화법

"이럴 땐 어떻게 말해야 할까?"
LESSON

상황1 발표회에서 최선을 다했을 때

열심히 노력했구나!	관객이 많았는데, 큰 소리로 대사를 잘 말하더라!	열심히 하는 모습 잘 봤어!	무대에서 이렇게 하는 거 멋있더라!

상황2 허락 없이 어른의 지갑을 만질 때

엄마 지갑은 꺼내지 않는 거야. ○○(이) 지갑은 여기 있어.	아빠 지갑은 제자리에 넣어두고 올래?	그건 엄마 지갑이야. 중요한 물건이니까 돌려주세요.	그건 아빠의 소중한 지갑이야. 이리 주겠니?

상황3 밥그릇을 떨어뜨리거나 국그릇을 엎었을 때

괜찮아. 다시 떠줄게.	뜨겁지 않았어? 안 다쳐서 다행이다. 함께 치우자!	이 행주로 이렇게 닦으면 돼. (시범을 보인다)	국물이 흘렀구나. 행주로 닦을까?

상황4 지하철에서 큰 소리로 떠들 때

지금부터 아무 말 하지 않고 조용히 있기 놀이 할까?	도착할 때까지 그림책 보자. 어떤 책 볼까?	지하철에는 다른사람도 있으니까 이렇게 작은 목소리로 이야기하자.

상황5 아무리 타일러도 집에 가려고 하지 않을 때

저쪽에 예쁜 꽃이 있던데, 보러 가자! (실제로 있을 때)	자전거까지 깡충깡충 뛰어갈까?	앞으로 몇 번 더 하고 집에 갈까?	더 놀고 싶구나. 그런데 이제 정말 집에 가야 해.

상황6 시키지도 않았는데 방을 정리했을 때

방이 깨끗해지니 기분이 좋구나!	스스로 생각해서 방을 정리했구나!	오! 혼자서 방을 정리했구나!

상황7 수줍어서 말을 하려 하지 않을 때

아빠가 대신
대답해도 될까?

가슴이
두근거리는구나.
그 기분 잘 알아.

함께 말해볼까?

상황8 친구로부터 미움을 받았다는 말을 들었을 때

애썼어!

"친구한테
싫다는 말을 듣고
어떻게 이야기했어?"
(라고 말하며
대화를 유도한다)

이야기해줘서
고마워.

친구한테
그런 말을
들었구나.
정말 속상했겠다.

상황9 식탁에 앉아 있는 자세가 신경 쓰일 때

궁둥이를
의자에 딱 붙이고
앉아서 먹자.

발을 발판에
딛고 앉자.

상황10 나도 모르게 아이에게 짜증을 냈을 때

화낼 일이
아니었는데,
화내서 미안해.

미안해.
"~하자" 하고 좋게
말했으면
좋았을 텐데.

몬테소리
엄마의 대화법

초판 1쇄 인쇄 2023년 3월 16일
초판 1쇄 발행 2023년 3월 30일

지은이 몬테소리 교사 아키에
옮긴이 김은선
펴낸이 양학민

디자인 엔드디자인

펴낸곳 파이어스톤
출판등록 2021년 7월 2일 제2021-000129호
주소 10388 경기도 고양시 일산서구 대산로 123, 현대프라자 3층 301-3D4
전화 031-911-6022 **팩스** 0508-927-0107
이메일 firestone.hit@gmail.com

ISBN | 979-11-976797-2-8 03590